AKADEMIE DER WISSENSCHAFTEN DER DDR

ATLAS
DER VERBREITUNG
PALAEARKTISCHER VÖGEL

Begründet von
E. STRESEMANN, Berlin, und L. A. PORTENKO, Leningrad

11. LIEFERUNG

Herausgegeben von
H. DATHE, Berlin, und I. A. NEUFELDT, Leningrad

Bearbeitet von

I. A. NEUFELDT, E. v. VIETINGHOFF-SCHEEL, K. WUNDERLICH

Mit 10 zweifarbigen Verbreitungskarten

AKADEMIE-VERLAG · BERLIN

1983

Aus der Forschungsstelle für Wirbeltierforschung (im Tierpark Berlin)
der Akademie der Wissenschaften der DDR

Erschienen im Akademie-Verlag, DDR-1086 Berlin, Leipziger Straße 3—4

Lizenznummer: 202 · 100/493/83
Printed in the German Democratic Republic
Gesamtherstellung: VEB Druckerei „Thomas Müntzer", 5820 Bad Langensalza
LSV 1375
Bestellnummer: 762 961 5 (3034/11)
DDR 30,— M

INHALT DER 11. LIEFERUNG

VORWORT ZUR 11. LIEFERUNG

Wie stets wurde uns wertvolle Hilfe, meist in Form mündlicher und brieflicher Auskünfte und Ergänzungen, für unsere ökographische Forschungsarbeit seitens avifaunistisch versierter Kollegen zuteil. Besonderer Dank gebührt A. W. Andrejew (Magadan), E. G. Lobkow (Jelizowo, Kamtschatka), J. B. Pukinskij (Kamtschatka).

Alle Verbreitungskarten wurden wiederum auf bewährte Art von Frau I. Wilczok (Berlin) angefertigt.

Als weitere Ergänzung zur Lfg. 6 (1977) ist in „Beiträge zur Vogelkunde" 28, 173—174, erschienen: Wunderlich, K. (1982): 4. Mitteilung: *Falco concolor* als Brutvogel im Negev und Sinai.

Für die Benutzer unseres Kartenwerkes geben wir ein kommentierendes Wort zu den Doppel-Verfasserschaften, die in den Inhaltsverzeichnissen und auf den Titelseiten erscheinen. In aller Regel leistet I. A. Neufeldt, Leningrad, (vgl. Vorwort zur 7. Lfg., 1978) die erforderliche Zuarbeit — die zugleich ihre Auffassung des zusammengetragenen Materials und der Atlas-Praxis vermittelt — für Darstellung und Abfassen der Art-Teilareale und -texte zu sowjetischem Gebiet. Ausnahmsweise hat sie die komplette Bearbeitung von Arten übernommen, die auch außerhalb der Sowjetunion verbreitet sind (vgl. in Lfg. 13: *Mycerobas carnipes*). I. A. Neufeldt trägt somit die sachliche Verantwortung für die uns übermittelte avifaunistische und ökographische Substanz innerhalb der sowjetischen Grenzen. Die Berliner Seite besorgt — ebenfalls in aller Regel — das Übertragen jenes Materials ins Deutsche und sein atlaskonformes redaktionelles Zubereiten. Für alle anderen paläarktischen Bereiche sind E. v. Vietinghoff-Scheel und K. Wunderlich als Bearbeiter, H. Dathe als Herausgeber (sämtlich Berlin) zuständig und zeichnen verantwortlich.

Zu Lfg. 10 (1982): W. M. Loskot (Leningrad) gilt als Mitautor des Beitrages zur Trauermeise (*Parus lugubris*). Unsere Leser werden freundlich gebeten, diese Änderung auf dem Titelblatt der Art selbst vorzunehmen.

Erika v. Vietinghoff-Scheel — Klaus Wunderlich

XI

1983

Sitta whiteheadi Sharpe

bearbeitet von

K. WUNDERLICH

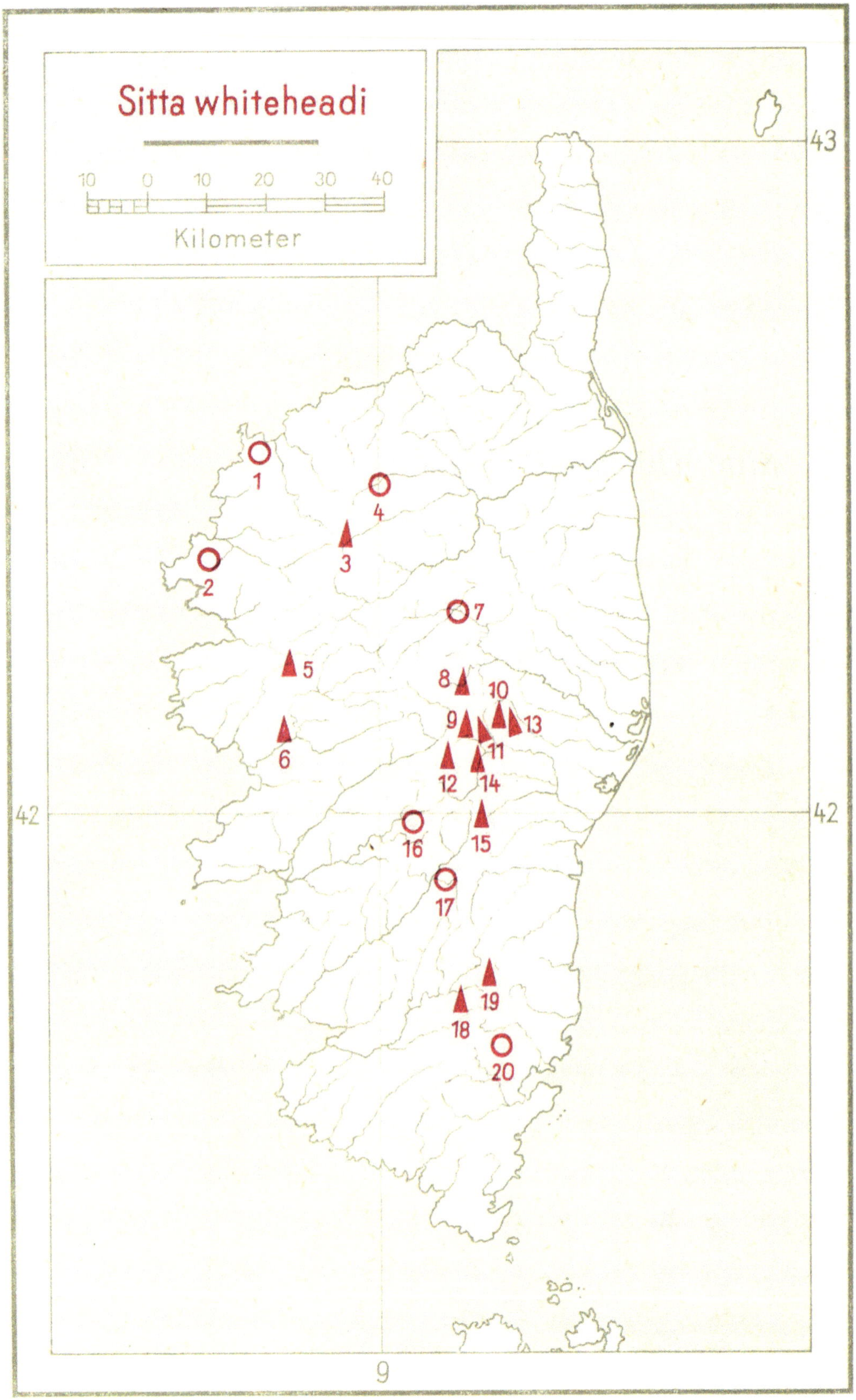

FUNDORTLISTE

1. Raum Calvi	↓ A	YEATMAN 1976
2. Raum Galeria	B	YEATMAN 1976
3. Bonifato	↓ A	THIOLLAY 1967
4. Tartagine	↓ AJ	GUILLOU 1964, THIOLLAY 1967
— Vallata dell'Asco	BJ	BRICHETTI et al. 1982, DIETH 1982
— am Fuß des Cinto-Massivs	A	DIETH 1982
5. Forêt d'Aitone (Evisa)	AB	LÖHRL 1959, THIOLLAY 1967, DIETH 1982
6. St. Antonine	↓ A	THIOLLAY 1967

7. Restonica-Tal	B	LÖHRL 1959, SPITZENBERGER u. STEINER 1959, THIOLLAY 1967
— bei Corte	↓ A	PAYN 1931, YEATMAN 1976
— Tavignano	A	THIOLLAY 1967
8. Raum Venaco	↓ A	YEATMAN 1976
9. Raum Vivario	A	MEES 1952
10. Vezzani	↓ A	THIOLLAY 1967
11. Sorba-Paß	↓ A	LAUBMANN 1913, THIOLLAY 1967
12. Vizzavona	AB	LAUBMANN 1913, MEES 1952, LÖHRL 1959, THIOLLAY 1967
13. Col d'Erbajo	A	GUILLOU 1964
14. Ghizoni	A	MEES 1952, ETCHÉCOPAR u. HÜE 1955
15. Col de Verde	A	MEES 1952, GUILLOU 1964
16. Raum Bastelica	↓ A	YEATMAN 1976
17. Raum Zikavo	↓ A	YEATMAN 1976
18. Zonza	↓ A	THIOLLAY 1967
19. Bavella-Paß	↓ A	THIOLLAY 1967
20. Forêt d'Ospedal	↓ A	GUILLOU 1964, THIOLLAY 1967, YEATMAN 1976

Anmerkungen

Zu P. 1:
YEATMAN deklariert das Brutvorkommen als „wahrscheinlich".

Zu P. 3:
THIOLLAYS Angaben für insgesamt 16 Waldgebiete gründen sich überwiegend auf den Nachweis der Art als Greifvogelbeute. Dies betrifft die Fundorte Nr. 4, 6, 10, 11, 18 und 19. Darüber hinaus gelten sie für die Wälder von Marmano, Cervello, Valdo-Niello, auch von Carozzica (AFFRÉ 1961) — da uneruierbar, in unserer Karte und Fundortliste nicht vermerkt. Für die foresta di Valdo—Niello vermerkten BRICHETTI et al. (1982) Brut in ca. 1400 m Höhe.

Zu P. 4:
Siehe unter Anmerkung zu P. 3.

Zu P. 6:
Vgl. P. 3.

Zu P. 7:
Betreff. „bei Corte": PAYN registrierte Januar-Vögel auf etwa 330 m in einem Korkeichenwald. Laut YEATMAN Brüten im ganzen Raum zu vermuten (vgl. Karte ibid.).

Zu P. 8:
Mögliches Brutvorkommen nach YEATMAN (siehe Karte ibid.).

Zu P. 10:
Vgl. P. 3.

Zu P. 11:
Siehe unter P. 3.

Zu P. 16:
YEATMAN zufolge Brüten möglich.

Zu P. 17:
Gemäß YEATMAN Brutverdacht.

Zu P. 18:
Siehe unter P. 3.

Zu P. 19:
Vgl. Anmerkung zu P. 3.

Zu P. 20:
Das Vorkommen des Kleibers in diesem Waldmassiv, das isoliert im SE Korsikas liegt, ist umstritten. GUILLOU (1964) verneint es, YEATMAN (siehe Karte 1976) hält es (Raum Porto Vecchio) zumindest für wahrscheinlich.

LITERATUR

AFFRÉ 1961 — L'Oiseau 31, 315.
BRICHETTI, DI CAPRI u. FOSCHI 1982 — Gliuccelli d'Italia 7, 67.
DIETH 1982 — Orn. Beob. 79, 287—288.
ETCHÉCOPAR u. HÜE 1955 — L'Oiseau 25, 244—245.
GUILLOU 1964 — Alauda 32, 214—215.
HEIM DE BALSAC 1976 — Alauda 44, 353—355.
LAUBMANN 1913 — Orn. Jahrb. 24, 127—129.
LÖHRL 1959 — J. Orn. 100, 81.
LÖHRL 1960 — J. Orn. 101, 247—264.
LÖHRL 1961 — J. Orn. 102, 111—132.
LÖHRL 1967 — Kleiber Europas. Wittenberg Lutherstadt, 112—119.
MEES 1952 — Alauda 20, 83.
PAYN 1927 — Ibis 3 (12), 77—78.
PAYN 1931 — Ibis 1 (13), 16.
SCHIEBEL 1911 — Ornith. Frühlings-Studienreise nach Corsica. Klagenfurt. 18.
SPITZENBERGER u. STEINER 1959 — Egretta 2, 9.
THIOLLAY 1967 — L'Oiseau 37, 111.
VIELLIARD 1978 — Alauda 46, 1—42.
WHITEHEAD 1885 — Ibis 3 (5), 28—31.
YEATMAN 1976 — Atlas Ois. nich. de France de 1970 à 1975. Paris. 230—231.

Sitta whiteheadi Sharpe

Korsenkleiber

Verwandtschaft

Vgl. bei *S. ledanti*. Auch HEIM DE BALSAC (1976) hebt die geographische und genetische Isolierung zwischen den reliktären Repräsentanten jener altertümlichen Gruppe mediterraner Kleiber hervor, die das rigorose Fürsichsein jedes seit langer Zeit sichert. VIELLIARD (1978) veranschlagt diese Spanne für *S. whiteheadi* auf 6—7 Millionen Jahre.

Verbreitung und Oekologie

„Zur Brutzeit ist diese Art auf die Kiefernbestände beschränkt, die auf der Insel Korsika zwischen 700 und 1400 m noch weite Teile bedecken. Diese Waldbestände sind meist locker aufgebaut, da zwischen den Bäumen liegende Felsbrocken und

Geröllpartien einen dichteren Bewuchs verhindern. Man hat den Eindruck, daß diese lockeren Teile vom Korsischen Kleiber dichter besiedelt werden als die wenigen forstlich intensiver genutzten Waldgebiete, obwohl es auch dort nicht an abgestorbenen Bäumen fehlt" (LÖHRL 1967). THIOLLAY (1967) beziffert die Obergrenze der vertikalen Ausbreitung mit 1500—1600 m. Analoge Angaben machen LAUBMANN (1913) und YEATMAN (1976). SCHIEBEL (1911) und LÖHRL (1960) unterstreichen die Stenökie der Art, ihre starke Bindung an aufgelockerte Komplexe der endemischen Lärchenkiefer *(Pinus nigra laricio)*. „In dichten *Pinus laricio*-Beständen fehlt dieser Kleiber ganz oder er ist darin sehr selten ... In den unteren Berglagen, in denen die langnadeligen und großzapfigen Strandföhren *(Pinus maritima)* wachsen, fehlt er zur Brutzeit völlig" (LÖHRL 1960). Laut YEATMAN (1976) wird die natürlicherweise begrenzte Fläche dieser für *S. whiteheadi* geeigneten Wälder durch angelegte Brände zusehens kleiner. LÖHRL (1960) zufolge entfällt ein Viertel (knapp 44000 ha) der korsischen Waldfläche (insges. 175000 ha) auf die Lärchenkiefer als Bestandsbildner. „Wenn meine Schätzung der durchschnittlichen Reviergröße mit 10 bis 15 Hektar zutrifft, dürften rund 3000 Paare der *Sitta whiteheadi* auf Korsika leben" (l. c.).

Die Art ist vergleichsweise spezialisiert, daher ihr Anpassungsvermögen gegenüber sich wandelndem Habitat nicht eben groß. Insofern dürfte anthropogenes Schrumpfen der hohen Kiefernwälder Korsikas die Zukunft ihres seit uralter Zeit reliktären Kleibers unsicher machen.

Die „zurückhaltende" Lebensweise des Vogels und die nicht leicht zugänglichen Vorkommensgebiete haben die Feststellung von Brutplätzen seit jeher erschwert. „Solange man keine Laute von ihnen hört, ist es sehr schwierig, die Kleiber festzustellen, da sie zusammen mit Tannenmeisen in den Kronen der Kiefern nach Nahrung suchen und nur beim Überfliegen größerer Waldlücken am Flugbild von diesen unterscheidbar sind" (LÖHRL 1960). LAUBMANN (1913) und YEATMAN (1976) unterstreichen solchen Befund. Insofern darf nicht wundernehmen, daß Brutnachweise nicht sonderlich häufig publiziert worden sind. Trotzdem macht ein Vergleich unseres Kartenbildes mit dem physischen Relief der Insel augenfällig, daß der Vogel fast das ganze Jahr über an die mittleren und höheren Montanlagen gebunden ist (vgl. auch „Wanderungen"). Dessen ungeachtet bleibt es dringend erwünscht, die zuweilen erhebliche Unsicherheit im lokalen Bereich (siehe „Anmerkungen") durch vermehrte Neunachweise auszuräumen.

Grundlegende biologische und vergleichend ethologische Beiträge hat in jüngerer Vergangenheit LÖHRL geleistet (1960, 1961, 1967 — siehe detailliert dort). Deshalb dazu im folgenden nur kursorisch: *S. whiteheadi* benimmt sich „wesentlich meisenartiger" und ist sozialer als *S. europaea*. LÖHRL fand zwei Bruthöhlen 300—400 m voneinander entfernt, wobei die Territoriengrenzen teils durch Grate oder Schluchten markiert werden. „Das Revier dient wie bei *S. europaea* als Nistort und als Nahrungsspeicher. Das Paar versteckt dort Wochen hindurch mit großem Eifer Kiefernsamen" (1960, l. c.). „An Tagen, wo die kleinen Zapfen der Schwarzkiefer aufgesprungen sind, so daß die Samen erreichbar sind, sammeln diese Kleiber unentwegt diesen Samen und verstecken ihn einzeln hinter der Rinde am Stamm und auf starken Ästen" (1967, l. c.). Die existentielle Bedeutung dieses Verbergens erweist sich klar winters; bei feucht-kühler Witterung sind die Samenschuppen der Zapfen der Schwarzkiefern geschlossen, diese Nahrungsquelle also versiegt — die montane Schneelage währt von November bis in den April. Bis zum Einzug des Bergfrühlings Anfang Mai dominiert jene Samennahrung. Dann geschieht Umstellung auf überwiegende Insektennahrung, die meist per Flugjagd (nach Fliegenschnäpperart) erworben wird.

S. whiteheadi zimmert ihre Höhlen selbst, wohl stets in morschem Splintholz abgestorbener Lärchenkiefern wechselnder Stammstärke, in der Regel höher als 5 m über dem Waldboden. LÖHRL (1960) fand Höhlenstandorte ab 760 m und beobachtete („offenkundig") Brutkleiber bis über 1100 m hoch, „... und im Forêt d'Aitone dürften sie bis zur oberen Grenze der *Laricio*-Kiefern, also bis etwa 1300 m, brüten" (l. c.).

Gebrütet wird relativ spät. WHITEHEAD (1885) fand am 20. Mai in 2 Höhlen je 5 frische Eier. LÖHRL registrierte 1959 in einer Brutkiefer im Restonica-Tal den Schlupf der Jungen zum etwa gleichen Termin; demzufolge war das Gelege in den ersten Maitagen gezeitigt worden. Die Dauer der Nestlingszeit dürfte 22—24 Tage betragen. Beginn der Jugendmauser bei Gefangenschaftsvögeln Mitte August, ihr Ende am Anfang der 2. Septemberhälfte. Es könnte sein, daß die Art jährlich 2 Bruten macht. Da allerdings viele dem dort relativ häufigen Buntspecht zum Opfer fallen, sind Nachgelege sicher nicht selten. Ausgeflogene erleiden Verluste durch Eichelhäher. „Im übrigen dürften auch die rauhen Winter dafür sorgen, daß der Kleiberbestand stetig gezehntet wird" (LÖHRL 1967).

Als charakteristische Nachbarn der Kleiber in den korsischen *Laricio*-Wäldern protokollierte bereits SCHIEBEL (1911): *Parus ater*, *Erithacus rubecula*, *Regulus regulus*, *Certhia familiaris*, *Troglodytes troglodytes*, *Turdus viscivorus*, *Nucifraga caryocatactes*, *Muscicapa striata*, *Fringilla coelebs*, *Dendrocopos major*, *Cuculus canorus*, *Columba palumbus*.

Wanderungen

Standvogel. Scheint lediglich im Winterhalbjahr, zumindest teilweise, niedrigere Höhenlagen und damit auch andere Lebensräume aufzusuchen. So traf PAYN (1927) ihn im November bei Piana, knapp 2 Meilen hinter der Westküste auf 450 m Höhe „in a small clump of firs in the midst of some low machia, and miles away from any pineforest" (l. c.). Am 18. Januar 1930 registrierte der gleiche Gewährsmann den Vogel futtersuchend bei 300 m auf Korkeichen im Tavignano-Tal bei Corte.

Im allgemeinen jedoch dürften auch die winterlichen Aufenthaltsorte mit Stellen übereinstimmen, an denen im Sommer Samennahrung gehortet worden ist.

XI

1983

Sitta ledanti Vielliard

bearbeitet von

K. WUNDERLICH

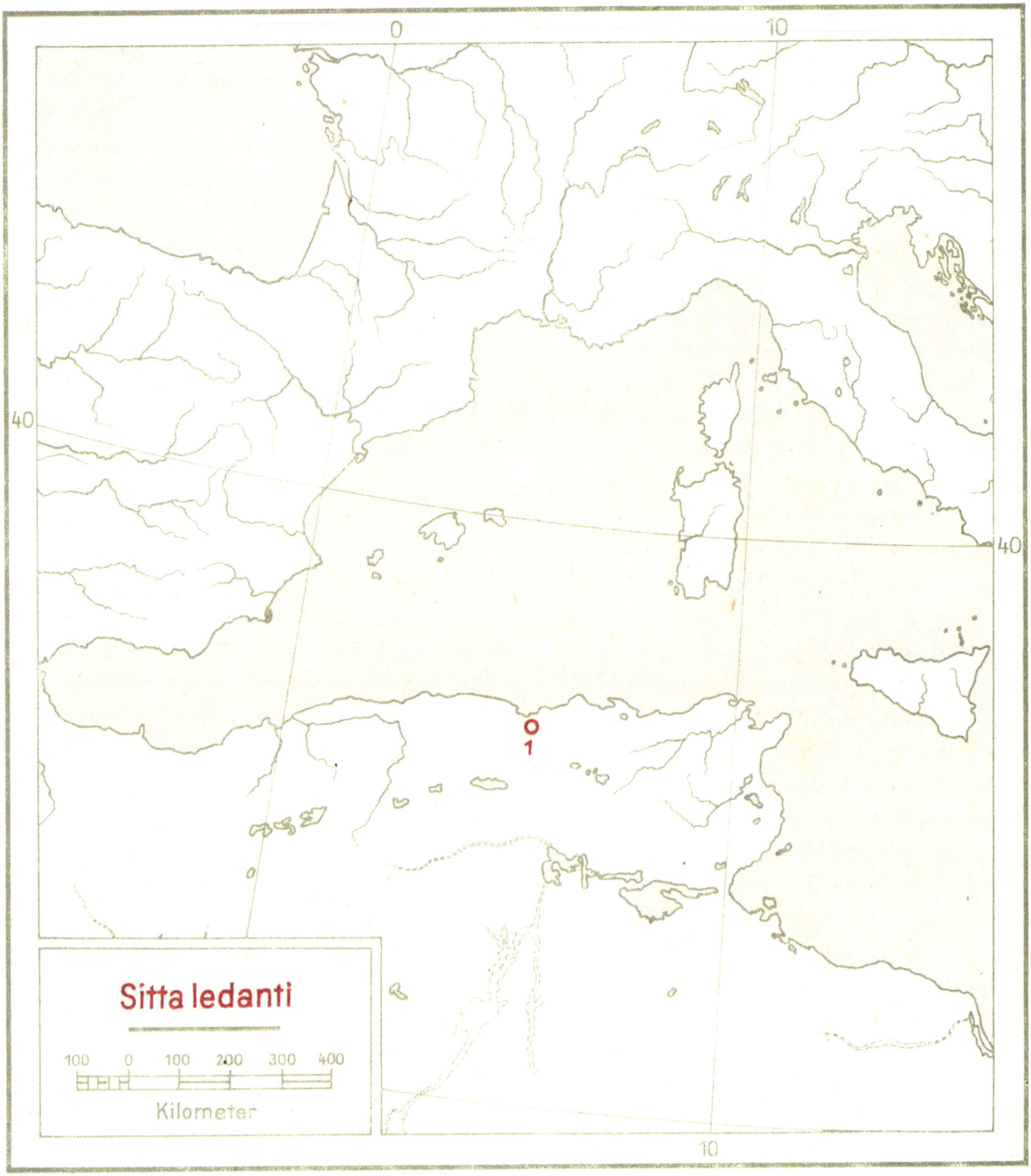

FUNDORTLISTE

1.	Babor-Massiv (Kleine Kabylei)	B	Burmier 1976, Vielliard 1976, 1978, Ledant u. Jacobs 1977, Gatter u. Mattes 1979

LITERATUR

BURMIER 1976	Nos Oiseaux 33, 337—340.	LÖHRL 1967	Kleiber Europas. Die Neue Brehm-Bücherei Bd. 196. Wittenberg Lutherstadt. 5—6.
GATTER u. MATTES 1979	J. Orn. 120, 390—405.	VIELLIARD 1976	Alauda 44, 351—352.
GÉROUDET 1976	Nos Oiseaux 33, 341.	VIELLIARD 1978	Alauda 46, 1—42.
LEDANT, JACOB, JACOBS, MALHER, OCHANDO u. ROCHÉ 1981	Gerfaut 71, 375—376.	VOOUS u. VAN MARLE 1953	Ardea 41, 59—62.
LEDANT u. JACOBS 1977	Aves 14, 233—242.		

Sitta ledanti Vielliard

Kabylenkleiber

Verwandtschaft und Verbreitung

1975 von LEDANT beim Revidieren von Beständen der im Babor-Massiv endemischen *Abies numidica* (= *A. baborensis*) „nebenher" aufgefunden; vordem unbekannt, 1976 von VIELLIARD beschrieben. Steht *S. krüperi* aus den Nadelwäldern Kleinasiens, des S-Kaukasus, der Ägäis-Insel Mytilene morphologisch am nächsten, *S. whiteheadi* aus den hochgelegenen Schwarzkiefernwäldern *(Pinus nigra laricio)* Korsikas nahe. Diese 3 Arten mit gemeinsamen stammesgeschichtlichen Merkmalen betrachtet VIELLIARD (1978, p. 38) als Relikte eines primitiven Phylums „mesogäischer Kleiber". Die korsische *Sitta whiteheadi*, seit 6—7 Millionen Jahren getrennt lebend, ist am weitesten differenziert. *S. ledanti* ist seit über 600 000 Jahren geographisch und genetisch völlig isoliert und hat sich seitdem evolutiv kaum noch gewandelt. Ihr Vorkommen zählt zu den kleinsten bekannten rezenter Passeres. Es ist nicht abwegig, die Art als lebendes Fossil zu charakterisieren; ihre Existenz steht und fällt mit dem Erhalt bzw. Verschwinden der humiden Holzpflanzenkappe auf dem nordostalgerischen Djebel Babor. Vgl. auch LEDANT et al. (1981).

GÉROUDET (1976) meint, das auffallend reliktäre Vorkommen dieser 3 kleinen Kleiber im mediterranen Becken lasse auf autochthone, kontinuierliche Nadelholzblöcke schließen, die einst bis in die Türkei reichten. Aufsplitterung der gemeinsamen Ahnform, damit Isolierung der Populationen und ihre Entwicklung zu selbständigen Charakteren wurden durch Lückigwerden der kompakten Stammwaldungen und Konkurrenz seitens der jüngeren *S. europaea* begünstigt. Der gleiche Gewährsmann hebt die anthropogene „Nachhilfe" bei diesem Geschehen hervor; ab dem Neolithikum habe antike Zivilisation die ursprüngliche Walddecke im gesamten Mittelmeerraum nachhaltig zerstört. „In den letzten Refugien überlebten auch die Kleiber" (l. c.).

Der Lebensraum des Kabylenkleibers, das knapp 20 km südlich des Meeres aufragende Babor-Massiv, ist neben dem nordwestmarokkanischen Rif-Gebirge der einzige nordwestafrikanische Bereich klimatisch feucht-kühlen, montan-mediterranen Typs. Im Jahresmittel fallen 2500 mm Niederschlag, von November bis April meist als Schnee. Winterliche Schneehöhen zwischen 200 und 400 cm sind nicht ungewöhnlich. Deshalb werden hier etliche Endemiten, unter ihnen die bestandsbildende Numidische Tanne, und mesophile Arten des europäischen sommergrünen Laubwaldes in großer Zahl angetroffen.

Daß dieser Gebirgsstock vor rigorosem Abholzen bewahrt blieb, ist wohl nur dem Umstand zu danken, daß der einzige Zugang vom Meer sehr beschwerlich ist. GATTER und MATTES (1979) geben diesen vegetationskundlichen Überblick: „Der Nordhang (ab ca. 1650 m) sowie die Gipfelregion des Dj. Babor trägt einen Mischwald aus Numidischer Tanne *(Abies numidica)* und Portugiesischer Eiche *(Quercus faginea)*, welchem Atlas-Zeder *(Cedrus atlantica)*, Eibe *(Taxus baccata)*, Stumpfblättriger Ahorn *(Acer obtusatum)*, Espe *(Populus tremula)*, Elsbeere *(Sorbus torminalis)* und Mehlbeere *(Sorbus aria)* beigemischt sind. Auf der Südseite sind die Hänge stark erodiert und ziemlich kahl; geschlossener Wald gedeiht nur noch auf den flacheren Kuppen oberhalb 1800 m. Hier wie an anderen stärker gestörten Stellen herrscht die Zeder vor ... Eine obere Waldgrenze wird am Djebel Babor nicht erreicht ...

Die Tannen-Eichenwälder des Djebel Babor sind stark überaltert. Durch die Waldweide mit Rindern und Ziegen wird der größte Teil des Jungwuchses vernichtet. Dazu kommt noch ein unglaublich hoher Besatz an Wildschweinen *(Sus scrofa algirus)*, deren Wühltätigkeit das Aufkommen von Jungbäumen weitgehend verhindert."

Was die Größe der *ledanti*-Population angeht, so wiesen GATTER und MATTES für 1978 54 Reviere nach (vgl. auch Spezialkarte, p. 392) und schätzten, dabei Höhenverbreitung, Habitatansprüche und Abundanz in Betracht ziehend, das Vorkommen „auf gut 70 Kleiberreviere", den gesamten Lebensraum auf knapp 1100 ha. „Da VIELLIARD, LEDANT und Mitarbeiter in den beiden Vorjahren nur 12 bzw. 20 Paare festgestellt haben, befindet sich die Population momentan anscheinend in einer Aufwärtsbewegung ihres Bestandes. Vorkommen außerhalb des Babor-Massives sind bis jetzt noch nicht bekannt geworden; sie sind aus ökologischer Sicht auch nicht zu erwarten" (l. c.).

Die Siedlungsdichte wird als sehr ungleichmäßig angegeben. Gegen den artenreichen Mischwald *(Cedrus, Abies, Quercus* u. *Acer* als Bestandsbildner), das Zentrum der Besiedlung, hin wurde die Revierabundanz von Randvorkommen aus ständig größer, bis lokal zu 4 Paaren je 10 ha. Oder: „Mit zunehmender Entfernung vom Hauptgipfel und in tieferen Lagen nimmt die Besiedlungsdichte ab, gleichgültig, ob es sich dabei um reine Zedernbestände, um die Zedern-Eichen-Wälder im Bereich des Westgipfels oder um die Tannen-Eichen-Wälder des tieferen und mittleren Nordhanges handelt. Die Numidische Tanne kann damit entgegen den Vermutungen VIELLIARDS (1978) nicht als maßgebender Faktor der Besiedlung gelten ... Die höchste Siedlungsdichte des Kleibers fällt mit dem einzigen Gebiet einer starken Mischung aller 4 Hauptbaumarten zusammen, da hier die standörtliche Vielfalt am höchsten ist (Expositionswechsel Nord-Süd, Nutzungsdifferenzierung Kuppe-Steilhang)" (l. c.). — Zum Vergleich: *S. ledanti* erreicht örtlich somit deutlich höhere Abundanz als ihre korsische Verwandte, deren Reviergrößen LÖHRL (1967) auf 10—15 ha veranschlagt.

Zur vertikalen Verbreitung: Das am tiefsten gelegene Revier wurde bei 1500 m angetroffen, die bewaldete Gipfelregion (bis 2000 m) weist (siehe oben) die größte Vorkommensdichte auf.

Oekologie und Biologie

Zur Brutbiologie, Nahrungsökologie etc. siehe ausführlich bei VIELLIARD (1978) und GATTER und MATTES (1979). Jene mediterranen Kleiber sind, soweit bekannt, ausnahmslos auf mehr oder weniger dichte Nadelwälder beschränkt (vgl. auch bei VOOUS u. VAN MARLE 1953), zimmern ihre Bruthöhlen selbst und sind deshalb auf entsprechend „unproblematische" Stämme angewiesen — abgestorbenes oder Weichholz. (Für *S. ledanti* ist die Numidische Tanne dafür am besten geeignet.) So konnten GATTER und MATTES 7 von 9 im Juni 1978 aufgefundenen Brutbäumen, deren fortgeschrittener Fäulnis wegen, nicht ersteigen. Beide Autoren konstatierten eine vorerst unerklärliche gewisse Präferenz der Art für transparente Brutplätze. „7 der 9 Brutbäume standen in Auflichtungen oder sogar großen Blößen und mußten zum Teil über weite Jungwuchs- oder Freiflächen angeflogen werden" (l. c.). Diese Vorliebe teilt der Vogel mit seinem korsischen „Nachbarn", von dem LÖHRL (1967) den Eindruck hat, er besiedele die lockeren Teile der höher gelegenen Schwarzkiefernbestände dichter „als die wenigen forstlich intensiver genutzten Waldgebiete, obwohl es auch dort nicht an abgestorbenen Bäumen fehlt".

Die 78er *ledanti*-Höhlen wurden zwischen 3 und 13 m Höhe 5mal in Tanne, 3mal in Zeder, 1mal in Eiche entdeckt. Die Jungen werden im Juni aufgezogen.

Zwischen November und April überwiegt Samennahrung, die teils als Vorrat vor allem in dichten Flechten- und Moospolstern gehortet wird — 4 Strategien winterlichen Nahrungserwerbs siehe bei GATTER und MATTES, p. 399/400). Das mitunter höchst ungleichmäßige Fruchten von Zeder und Eiche erfährt durch die diesbezüglich „zuverlässigeren" Tanne und Ahorn einen für die Art wesentlichen Ausgleich. „Damit bietet der Mischwald ... der Gipfelregion des Djebel Babor dem Kabylen-Kleiber die größte Sicherheit, jeden Herbst eine ausreichende Menge an Samen horten zu können. Zugleich sind die als Verstecke besonders gut geeigneten Moose, aber auch Flechten im Gipfelbereich am besten ausgebildet" (l. c.).

Zur Brutzeit dominiert Insektennahrung (u. a. Raupen von Geometriden und Noctuiden, jene überwiegend von Zweigen, Blattrosetten von Kurztrieben und den vertrockneten Büscheln der männlichen Blüten von *Quercus* abgenommen). *Quercus* wird ihres Insektenreichtums wegen zur Nahrungssuche klar bevorzugt. Brutkleiber aus Zedernpartien legten größere Strecken zurück, um an Eichengruppen zu kommen. Es kann gemutmaßt werden, daß bei solchen Kleibern — ähnlich wie bei manchen Pariden — die Aussichten auf vollen Bruterfolg gemindert sind; falls Brut- und Nahrungsreviere weiter auseinanderliegen. Erwartungsgemäß ist im ganzen Osten des Babor-Massivs und kleinen Abschnitten des Nordwestens — wo *Quercus* fehlt — die Abundanz kleiner; die Brutreviere sind nicht mehr optimal. GATTER und MATTES unterstreichen aber, daß derartige Gebiete in Zedernmastjahren als optimale Winterreviere fungieren. — Neben der brutzeitlichen Insektennahrung werden Koniferensamen an die Jungen verfüttert (es sind 19% Anteil an der Zahl der Fütterungen ermittelt worden!).

Populationsschwankungen werden durch jährlich wechselndes Nahrungsangebot (Mastjahre seitens der 4 Bestandsbildner bzw. deren Ausfallen) relativ obligat hervorgerufen. 1978 ist eine deutliche Vergrößerung der Kopfgesamtzahl registriert worden. Der Verdacht liegt nahe, daß reiches Fruchten von Tanne und Zeder im Jahr zuvor das ermöglichte; dadurch hat die Population wahrscheinlich im Winterhalbjahr 1977/78 nur geringe Einbußen gehabt.

Es kann als sicher gelten, daß lediglich die Artenvielfalt des Mischwaldes in der Babor-Gipfelregion und die von ihr ausgehende nahrungsökologische Stabilität den Kabylenkleiber in seinem vergleichsweise winzigen Refugium überleben läßt. Schon wenige, diesbezüglich ungünstige Jahre reichten hin, die Art existentiell zu gefährden. Das optimale Habitat ist derzeit nur 100—200 ha groß: Deshalb garantieren alle aktuellen vorzugsweise floristisch orientierten Schutzvorhaben, Regenerations- und Ausweitungsprojekte am Babor gleichzeitig das Überleben seines reliktären Kleibers. VIELLIARD (1978) hat 1977 die Art am benachbarten Tababor, der lückig mit stark degradierten Tannen-Zedern-Formationen bedeckt ist, nicht ausmachen können. Der Populationsdruck ist gegenwärtig offensichtlich nie groß genug, sie als steten Brutvogel über den Babor hinauszubringen.

Wanderungen

Standvogel. Über saisonale Streifereien wird nichts mitgeteilt. Es ist zu vermuten, daß die Vögel winters dort bleiben, wo sie ihre Hauptnahrung gehortet haben. Höchstens, daß sie bei sehr hohem Schnee vorübergehend in Richtung unterer Berglagen ausweichen.

XI

1983

Lophobasileus elegans (Przewalski)

bearbeitet von

I. A. NEUFELDT und K. WUNDERLICH

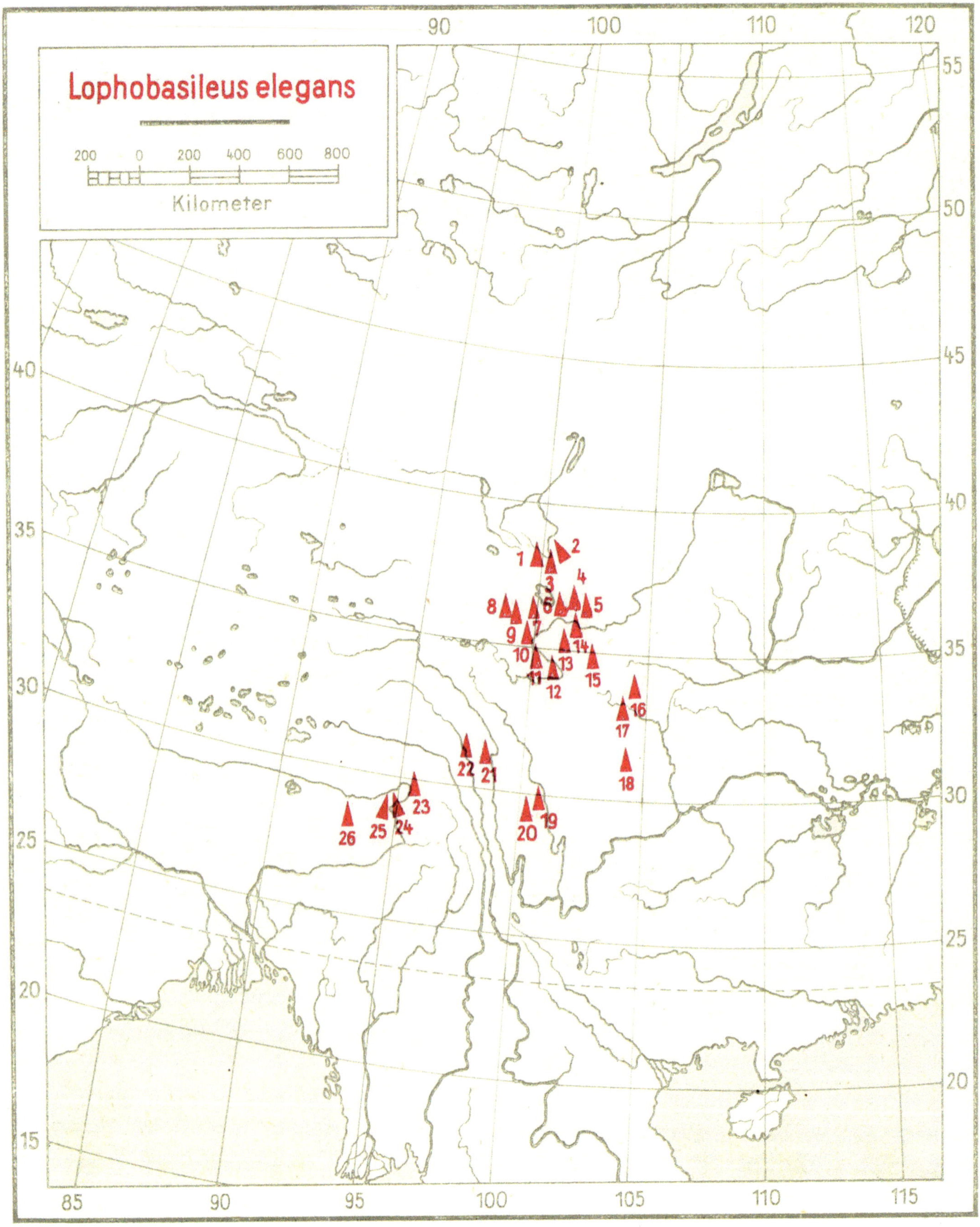

Lophobasileus elegans
200 0 200 400 600 800
Kilometer
90
100
110
120
55
50
45
40
35
30
25
20
15
85
90
95
100
105
110
115
1
2
3
4
5
6
7
8
9
10
11
12
13
14
15
16
17
18
19
20
21
22
23
24
25
26

FUNDORTLISTE

Nr.	Fundort		Quelle
1.	Matisse (S Zhangye-Kanchow= Kan-tschou)	A	Coll. Zool. Inst. Leningrad
2.	Hu-dja-dschuang	Bc	Stresemann et al. 1937
3.	Babo distr, (= Flußgebiet des Babao He=Babo Ho=Fun-juche), X.		Bangs u. Peters 1928
4.	Lau-hu-kou (Süd-Tetung-Gebirge)	Ac	Stresemann et al. 1937
—	Koman-dse	Ac	Stresemann et al. 1937
—	Ssan-dshu-tschun	A	Coll. Zool. Inst. Leningrad
5.	Rangchta-Schlucht (N Xining=Sining-fu)	AB	Stresemann et al. 1937
—	Tschortentan (Tschautou=Chertenton), mittlerer Tetung-ho= Datunche=Datung He	Aa	Coll. Zool. Inst. Leningrad, Bianchi 1907
—	Tachalung (=Tsa-lung-Ssu)	A	Stresemann et al. 1937
—	Tien-tang-tse	Ac	Stresemann et al. 1937
6.	Rako gorge (=Fako-gol-Schlucht, E Kukunor), IX.		Bangs u. Peters 1928
7.	Nähe W-Ecke d. Kukunor	A	Coll. Zool. Inst. Leningrad
8.	Dulan-Kit (=Dulanschi)	Aa	Coll. Zool. Inst. Leningrad, Bianchi 1907
9.	E Dulanschi	A	Bianki 1905
10.	Ugutu-Ula	A	Vaurie 1972
—	Chasora River	A	Vaurie 1972
11.	Revenny-Gebirge (Berge Dshachan-fidza, N Tschurmyntschu)	Ac	Coll. Zool. Inst. Leningrad
12.	Radja (= Ragya Gompa = Radsha-Gompa), S Tunde (= Tongde)	ABNc A	Prshewalskij 1887 Bangs u. Peters 1928
13.	Mudshik-Berge (S Gujde = Guide)	A	Coll. Zool. Inst. Leningrad
14.	Tschun-dzja (S Xining)	A	Berezowski, Bianchi 1891
15.	Lawran (= Labrang = Xiahe), 13. II.		Coll. Zool. Inst. Leningrad
16.	Drakana, upper Tebbu land (SW Min Xian = Minhsien), IX.		Bangs u. Peters 1928
17.	Dorf Dshoza-paza, linkes Ufer des Sigu (nahe Sigu = Zhugqu), IX.	s	Berezowski, Bianchi 1891
18.	W Sungpan (= Songpan)	AJ	Kleinschmidt u. Weigold 1922
—	Tung-pei, 20 miles SW of Sungpan, X.		Styan 1899
19.	Hsignolo (= Xi Golog), 20. IX.	a	Schäfer u. Meyer de Schauensee 1939
20.	Malashi (S Litang), 29. IX.	a	Schäfer u. Meyer de Schauensee 1939
21.	Re-tschju (= Re Chu), E Qamdo = Chamdo, II.	a	Coll. Zool. Inst. Leningrad
22.	Nam-tschju (= Nom-tschu)	Aa	Coll. Zool. Inst. Leningrad
—	Bar-tschju (Zufluß zum Nom-tschu, NE Dubarawa), XI.	a	Coll. Zool. Inst. Leningrad
23.	Tsangpo gorge	AB	Ripley 1961, Ali u. Ripley 1973
24.	Doshong La (SW Namcha Barwa)	AJs	Ludlow u. Kinnear 1944
25.	Tse (bei Tsela Dzong), 15., 17., 19. XII.	A	Ludlow 1951
—	Sobhe La, 31. XII.	A	Ludlow 1951
26.	Sur La (N Tschosam)	AJs	Ludlow u. Kinnear 1944

LITERATUR

Ali u. Ripley 1973 — Birds India and Pakistan. 8. Bombay—London—New York. 199—200.

Baker 1930 — Fauna Brit. India. 7. London. 203.

Bangs u. Peters 1928 — Bull. Mus. Comp. Zool. Harvard 68, 365.

Berezowski u. Bianchi 1891 — Aves Exped. Potanini in Gan-su. St.-Petersb. 117—118.

Bianki 1905 — Izw. Ross. Akad. nauk 22, 37—49.

Bianchi 1907 — Aves Exped. Kozlowi Mongol., Tibet orient. St. Petersb. 110—111.

Cheng 1976 — Distrib. list Chin. birds (Rev. Ed.). Peking. 774—775.

Hartert u. Steinbacher 1932—1938 — Vögel paläarkt. Fauna. Erg.-Bd. Berlin. 205.

Kleinschmidt u. Weigold 1922 — Abh. Ber. Zool. Anthr.-Ethn. Mus. Dresden 15, 18.

Ludlow 1951 — Ibis 93, 565.

Ludlow u. Kinnear 1944 — Ibis 86, 204.

Pleske 1890 — Wiss. Result. Reisen Przewalski nach Central-Asien. 2. Vögel. St. Petersb. 95—100.

Prshewalskij 1887 — Zap. Akad. nauk 55, 77—79.

Ripley 1961 — Synopsis Birds India and Pakistan. Madras. 491.

Schäfer 1937 — Proc. Acad. Nat. Sci. Philadelphia 89, 385.

Schäfer 1938 — J. Orn. 86, Sh., 283.

Schäfer u. Meyer de Schauensee 1939 — Proc. Acad. Nat. Sci. Philadelphia 90, 235.

Schönwetter u. Meise 1975 — Handb. Oologie. Lfg. 23. Berlin. 637.

Stresemann et al. 1937 — J. Orn. 85, 523—524.

Styan 1899 — Ibis 5 (7), 296.

Vaurie 1957 — Amer. Mus. Novit. 1856, 1—7.

Vaurie 1972 — Tibet and its birds. London. 275—276.

Weigold 1935 — Südost-Tibet als Lebensraum. Hannover. 227—228.

Lophobasileus elegans (Przewalski)

Schopfhähnchen

Verwandtschaft

Monotypisch. SCHÄFER hatte 1937 Vögel von etwa 30 Grad Nord in Sikang, die ihm viel dunkler erschienen als die von BEICK in Gansu und im benachbarten Tsinghai gesammelten, als subsp. nov. *L. e. meissneri* beschrieben. VAURIE (1957) konstatierte diese Differenz nach Vergleich zweier *meissneri*-Paratypen mit BEICK-Exemplaren sowie anderen aus SE-Tsinghai und dem nordwestlichsten Setzschuan als außerordentlich gering und ohne taxonomisches Gewicht: ,,... the former belief that the species was monotypic was correct" (l. c.).

Das Genus *Lophobasileus* steht *Leptopoecile* nahe, vermittelt andererseits zu *Regulus* (vgl. detailliert bei PLESKE 1890). Die taxonomische Wertigkeit der morphologischen Unterschiede ist umstritten. BIANKI (1905), HARTERT und STEINBACHER (1932–1938) haben es auf Grund dieser Abweichungen für nicht empfehlenswert gehalten, *Lophobasileus* mit *Leptopoecile* zu synonymisieren. VAURIE (1957) plädiert in Anlehnung an BAKER (1930) dafür, jene Differenzen als lediglich spezifisch sondernd aufzufassen und die offensichtlich enge Verwandtschaft beider Vögel nicht durch Aufteilung in 2 Genera in Zweifel zu ziehen. Dennoch berechtigen jene und ökologische Unterschiede unseres Erachtens dazu, *elegans* vorerst noch mehr Eigenständigkeit im Genus *Lophobasileus* zuzuerkennen (siehe auch STRESEMANN et al. 1937, CHENG 1976).

WEIGOLD (1935) zählt *L. elegans* zu den Charakterformen der ,,Osttibetischen Waldprovinz", dem Waldgürtel paläarktischer Prägung, der ,,am Ende der Eiszeit im Nordosten über Kansu und Schansi eine Verbindung mit der Mandschurei und Sibirien gehabt hat, von der heute noch isolierte Etappen erhalten sind ..." (l. c.).

Zur Verbreitung

Das Areal der Art ist relativ klein und eigentümlich — beschränkt auf die reliktartigen montanen Nadelwälder des östlichen Nanschan, ebenso des östlichen und südöstlichen tibetischen Hochlandes samt den Rändern des angrenzenden Himalaya, der Sino-Tibetischen Berge und des Tsin-ling-Gebirges. Es reicht nicht über die Grenzen Chinas hinaus (S-Gansu, E-Tsinghai, W-Szetschuan u. Sikang). Unsere Karte verdeutlicht, daß *L. elegans* sehr ähnlich verbreitet ist wie das Buschhähnchen, *Leptopoecile sophiae obscura* (vgl. mit dessen Karte in Lfg. 12, 1984), allerdings hat *L. elegans* zur Brutzeit ein anderes Habitat inne.

Periphere Vorkommen: Im Norden in den Ausläufern des Richthofen-Gebirges (= Qilian Shan, P. 1), östlich im Sino-Tibetischen Bergland bis Sungpan (P. 18). Nicht selten in Teilen der südlichen Kukunor-Region, in den oberen Becken und gebirgigen Tälern von Hoangho, Jangtse, Mekong und Salween, wo regelrechte Nadelwaldgürtel ausgebildet sind. Tritt an den zum Brahmaputra gerichteten Abhängen von Nentschen-Tangla und Himalaya auf und geht im Süden bis an die Pässe Doshong (P. 24) und Sur (P. 26). Die zuletzt genannte Paßhöhe markiert das am weitesten nach Westen vorgeschobene Vorkommen. In die noch höher gelegenen westlichen Partien des tibetischen Hochlandes, die an der Schwelle der eigentlichen, recht lebensfeindlichen Hochfläche Tibets liegen und zunehmend kalt und arid sind, dringt *L. elegans* nicht ein.

Oekologie

Bisher wenig erforscht. Die Stenotopie bzw. -ökie der autochthonen Art, ihre ausgeprägte Bindung an montane Nadelwälder, macht deren Vorhandensein im Areal zur nahezu alleinigen Existenzgrundlage des Vögelchens. Mischwälder werden meist nur außerhalb der Brutzeit aufgesucht. Die literarisch erlangbaren Angaben zur vertikalen Verbreitung solcher Koniferenbestände — meist aus Borstenfichte *(Picea asperata)* und verschiedenen ,,silver firs" *(Abies faxoniana, A. sutchuenensis, A. recurvata, A. chensiensis)* bestehend — reichen von knapp 2300–4300 m. PLESKE (1890) charakterisiert *L. elegans* vom oberen Hoangho-System folgendermaßen: ,,Sie ist nicht selten und lebt bald in Gemeinschaft mit *Poecile affinis*, bald und zwar häufiger, mit *Regulus himalayensis*. Mit beiden Arten hat sie viele gleiche Züge und Gewohnheiten; gleich denselben schwirrt sie von einer Tanne zur anderen und hängt sich fortwährend von unten an Tannenzweige, um Insekteneier (im Winter) abzulesen. Überhaupt ist *elegans* ein munteres, unruhiges Vögelchen ..."

KOZLOW (fide BIANCHI 1907) fand die Art in den hohen Nadelwäldern des Süd-Tetung-Gebirges ,,sowohl an deren Rändern als auch im Waldesinnern ...".

In Osttibet, bei Sungpan, sammelte WEIGOLD (KLEINSCHMIDT u. WEIGOLD 1922) im Sommer ad. und juv. ebenfalls in Fichtenwald.

SCHÄFER (1938): ,,Dieser hübsche Bewohner der subalpinen und alpinen tibetischen Nadelwaldbezirke (3400–4300 m) dringt wohl nie tief in die tibetische Region ein und erreicht die nördliche Waldgrenze nicht. Tritt sporadisch auf, goldhähnchenartiges Benehmen, nur in dichten Nadelbäumen der parkähnlichen Koniferenwaldungen. Im gleichen Biotop wie *Regulus regulus himalayensis, Parus rufonuchalis beavani, Parus dichrous wellsi*. Oft mit diesen in einem Schwarm."

Über die Verhältnisse im südosttibetischen Bergland teilt RIPLEY (1961) mit: ,,In silver fir *(Abies)* in dry temperate and alpine forest, from 9500 to 14000 feet." Nach LUDLOW und KINNEAR (1944) waren junge Exemplare, die am Sur La im

August bei 13500—14000 ft. und am Doshong La (11500 ft.) im Juli gesammelt worden sind, sämtlich in *Abies*-Wald geschossen worden, „wo sie sich gewöhnlich in den Wipfeln aufhielten und mit Meisen und Laubsängern vergesellschaftet".

Über die Einzelheiten des Fortpflanzungsgeschehens sind wir bislang völlig unzureichend unterrichtet. Erwiesenermaßen von *L. elegans* herrührende Nester sind noch nicht beschrieben worden. STRESEMANN et al. (1937) erwarteten das Nest in Stubben nach Meisenart oder nach Art der Goldhähnchen in hohen Fichtenzweigen. Wir vermuten, daß es nach Konstruktion und Ort der Anlage zwischen denen des Buschhähnchens (*Leptopoecile sophiae*) und von *Regulus* steht, wohl mehr wie bei *Leptopoecile*, obwohl sehr wahrscheinlich hoch oben plaziert wie von Goldhähnchen. PRSHEWALSKIJ beobachtete Anfang Mai mehrmals Stücke, die Nistmaterial — Flaumfedern von *Crossoptilon auritum* — in den Schnäbelchen trugen.

Die Brutperiode beginnt im Nordareal wohl Ende April/Anfang Mai. BEICK (fide STRESEMANN et al. 1937) registrierte in den Süd-Tetung-Bergen im Februar die Auflösung der winterlichen Gruppen in Paare und begegnete im April/Mai Paaren in den Fichtenwäldern. Ein am 1. Mai gesammeltes ♂ hatte fast maximal entwickelte Hoden, das zugehörige ♀ nicht sehr stark geschwollenes Ovar ohne einen einzigen großen Follikel. 24. Juni, Wald bei Lau-hu-kou: „Auf den Fichten eine Gesellschaft von etwa 9—12 Stück, darunter sicher 4 Stück im Gefieder des alten ♂. Sollten die jungen ♂ ♂ wirklich schon so aussehen wie die alten?" (BEICK: Tagebuch Sommer 1928/1929, p. 102—103).

An der Ostgrenze des Areals bei Sungpan waren im Juli und August „noch kurzschwänzige flügge pull." (KLEINSCHMIDT u. WEIGOLD 1922).

Im südöstlichen tibetischen Hochland sind junge Stücke, allerdings unbekannten Alters, am 13. 7., 16. und 19. 8. erlegt worden (LUDLOW u. KINNEAR 1944).

Wanderungen

Praktisch ortsstet, bleibt winters in den Wäldern fast immer auf gleicher Höhe wie sommers, streift mitunter in Richtung Untergrenze sommerlichen Vorkommens, ohne sie jedoch zu überschreiten. Zieht zuweilen in Gesellschaft anderer Arten in Wacholder- und *Rhododendron*-Dickicht umher. Außerhalb der Brutzeit Zusammenschluß zu Gruppen und Schwärmen (BANGS u. PETERS 1928, STRESEMANN et al. 1937, ALI u. RIPLEY 1973). KOZLOW (fide BIANCHI 1907) beobachtete Vergesellschaftung mit verschiedenen Meisen (*Parus*, *Lophophanes*, *Poecile*) und Goldhähnchen (*Regulus*) sowie *Leptopoecile sophiae*. STRESEMANN et al. (1937) hielten fest: „Die Mauser wird gegen Ende September beendet. Von da ab in den oben bezeichneten Fichtenwäldern mit *Parus atricapillus* und *Parus rufonuchalis* gemeinsam umherstreifend. *Lophobasileus* ist in diesen Scharen stets am stärksten vertreten, ihnen schließen sich oft einzelne Paare von *Sitta canadensis*, ferner *Certhia familiaris* und *Dryobates major* an. Im Februar findet in diesen Gesellschaften die Paarbildung statt." LUDLOW (1951) begegnete der Art in SE-Tibet (Dezember) „in vereinzelten Flügen im Fichtenwald, einmal auch in zwerghaftem Wacholdergestrüpp in der alpinen Stufe mit *Leptopoecile s. obscura* vergesellschaftet".

XI

1983

Phoenicurus auroreus (Pallas)

bearbeitet von

I. A. NEUFELDT und E. v. VIETINGHOFF-SCHEEL

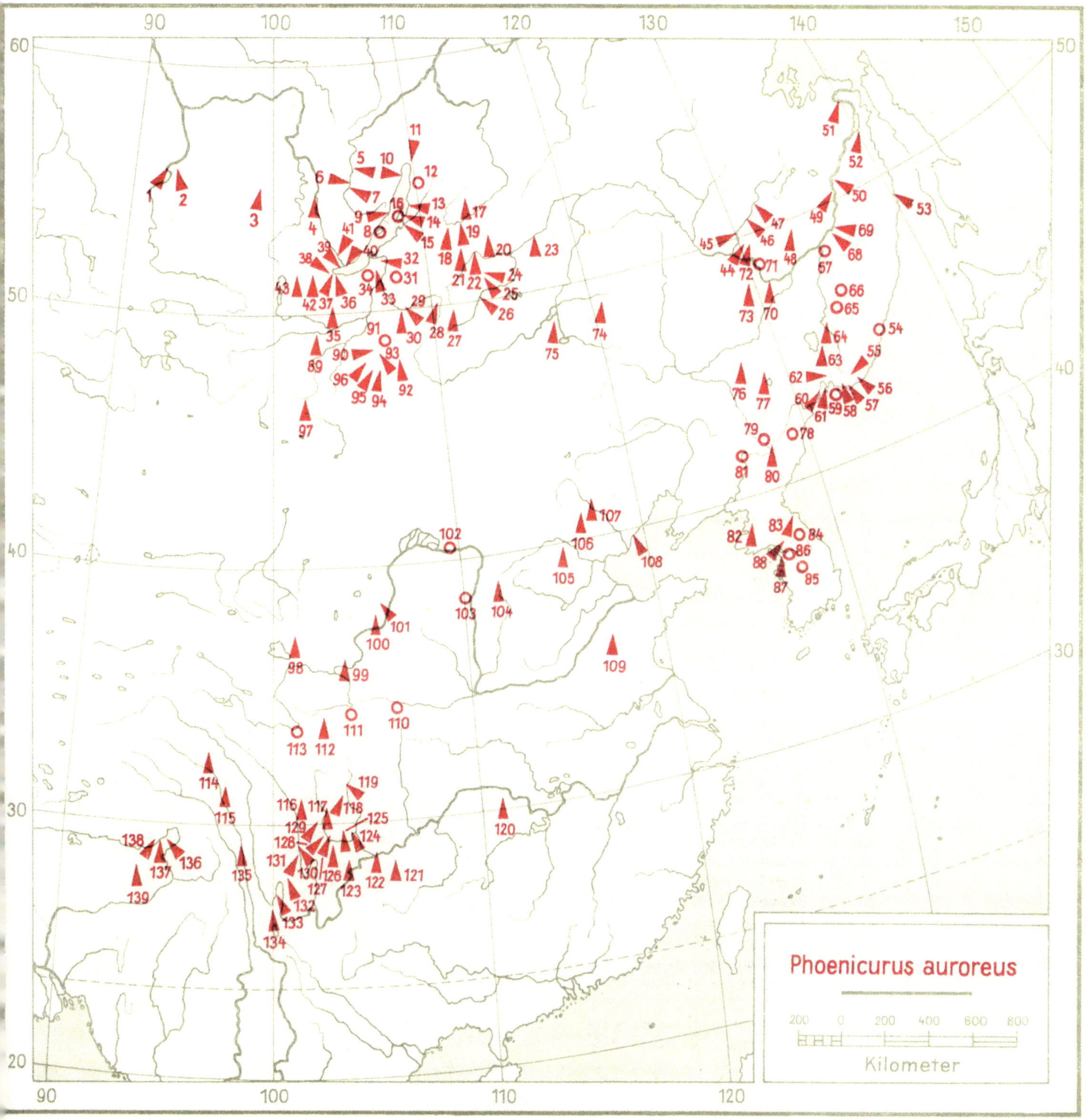
Phoenicurus auroreus
200 0 200 400 600 800
Kilometer

FUNDORTLISTE

Nr.	Fundort		Quelle
1.	Fluß Birjusa	B	Iwanow 1976
2.	Ost-Sajan: Stolbinskyje-Gebirge	Ns	Krutowskaja 1958
3.	Nishneudinsk	AJ	Coll. Zool. Inst. Leningrad
4.	Jandi (= Jandy)	B	Scalon u. Sludsky 1933
5.	Surowo (21. IX.)	J	Coll. Zool. Inst. Leningrad
6.	Shigalowo	AJ	Rejmers 1966
7.	Unterlauf der Tutura	AJc	Rejmers 1966
8.	Insel Olchon, Uzure	J	Litwinow u. Gagina 1977
9.	Zaworotnaja (= Kap Zaworotnyj)	B	Radde 1883
		As	Malyschew 1960a
10.	Kap Kotelnikowsk	A	Stegmann 1936
11.	Kitschera-Mündung	J	Gagina 1954
12.	Barguzin-Gebirge (zw. 53^{41} u. 55^{50} N)	As	Malyschew 1960b
—	Oberlauf der Kerma	BAs	Skrjabin u. Filonow 1962
13.	Sosnowka-Bucht	A	Coll. Zool. Inst. Leningrad
14.	Tschiwyrkujskij-Bucht (Ongokon-Bucht)	J	Worobjewa 1926; Coll. Zool. Mus. Moskau
15.	Ust-Bargusin	J	Stegmann 1936
16.	Halbinsel Swjatoj Nos	A	Turow 1923
17.	Bagadrin	N	Izmajlow 1967
18.	Romanowka	B	Izmajlow 1967
19.	Isinga-See	N	Izmajlow 1967
—	Erawna-See (= Bolschoje u. Maloje Erawnoje-See)	B	Izmajlow 1967
20.	Oberlauf der Tschita	As	Pawlow 1948
21.	Arachlej-See	BA	Pawlow 1948
—	Tasej-See	BA	Pawlow 1948
—	Iwan-See	BA	Pawlow 1948
22.	Umgebung von Tschita	Ac	Stegmann 1929; Coll. Zool. Inst. Leningrad
23.	Sretensk	A	Coll. Zool. Inst. Leningrad
24.	Darasun (Fluß Tura)	ABNc	Taczanowski 1872
25.	Balsino	A	Stegmann 1929; Coll. Zool. Inst. Leningrad
—	Alchanai	A	Stegmann 1929; Coll. Zool. Inst. Leningrad
26.	Akscha	As	Schkatulowa 1970
27.	Bylyra	A	Coll. Zool. Inst. Leningrad
28.	Esutaj-Quellen	A	Leontjew u. Pawlow 1963
29.	Umgebung von Gutschshirtuj (24. IV.)		Coll. Zool. Inst. Leningrad
30.	Fluß Tschikoj	J	Leontjew u. Pawlow 1963
—	Mukety (am Tschikoj)	A	Coll. Zool. Inst. Leningrad
—	Troitzkossawsk	B	Molleson 1896
—	Kjachta	A	Coll. Zool. Mus. Berlin
31.	Chilok-Tal	N	Izmajlow u. Borowickaja 1973
32.	Umgebung von Ulan-Ude	N	Izmajlow u. Borowickaja 1973
—	Osthang des Chamar-daban-Gebirges	N	Izmajlow u. Borowickaja 1973
33.	Umgebung des Schtschutschje-Sees	N	Izmajlow u. Borowickaja 1973
		A	Coll. Zool. Inst. Leningrad
34.	Südhang des Chamar-daban-Gebirges (Gusinoje-See)	J	Coll. Zool. Inst. Leningrad
35.	Michajlowka (Fluß Dshida)	N	Izmajlow u. Borowickaja 1973
—	Zakamka	A	Coll. Zool. Inst. Leningrad
36.	Sludianka	B	Taczanowski 1872
37.	zw. Kultuk u. Irkutsk	Nc	Taczanowski 1872
—	Kultuk	A	Coll. Zool. Inst. Leningrad
38.	Marituj, Polowina	A	Bogorodskij 1978
39.	Umgebung von Irkutsk	ABJ	Radde 1863
		A	Coll. Zool. Inst. Leningrad
40.	Listvenitschnoje (= Listwenitschnyj)	Ac	Stegmann 1936; Coll. Zool. Inst. Leningrad
41.	Usolje (= Usolje-Sibirskoje)	A	Coll. Zool. Inst. Leningrad
42.	Tunka	A	Coll. Zool. Inst. Leningrad
43.	Mojgot	J	Coll. Zool. Inst. Leningrad
44.	Uril	BJ	Dymin et al. 1977
45.	Shelunda	A	Kistjakowskij u. Smogorshewskij 1964
46.	Ostrowskoje	A	Kistjakowskij u. Smogorshewskij 1964
47.	Mündung des Werchnij Melgin	A	Kistjakowskij u. Smogorshewskij 1964
48.	Kukan (Urmi-Becken)	A	Kalinnitschenko 1961
49.	Piwanj	Bc	Schtilmark 1973
—	Komsomolsk-na-Amure	Bc	Schtilmark 1973
50.	Nishnije Chalby	J	Worobjow 1954
51.	Romanowka	BJ	Kistjakowskij u. Smogorshewskij 1973
52.	Mariinsk	B	Schulpin 1930, 1931
		J	Coll. Zool. Inst. Leningrad
53.	Sowetskaja Gawanj	Bc	Schtilmark 1973
54.	Flüsse Tetjuche (= Rudnaja) u. Iodzyche (= Dshigitowka)	B	Schulpin 1931
55.	Berg Oblatschnaja	Bc	Nazarenko 1971
—	Ulache (= Ussuri)-Quellen	A	Coll. Zool. Inst. Leningrad
56.	Schtscherbakowka	J	Coll. Zool. Inst. Leningrad
—	Pchusun (= Margaritowka)	A	Coll. Zool. Inst. Leningrad
57.	Sudzuche (= Kiewka)-Becken	Bc	Belopolskij 1950
—	Tauche (= Tschernaja)-Tal	N	Belopolskij 1950
—	Umgebung von Kiewka	Nc	Litwinenko u. Schibajew 1971
58.	Station Kangauz (= Anisimowka)	J	Worobjow 1954
59.	Askold-Insel	J	Worobjow 1954
60.	Station Primorskaja	ABNJ	Panov 1973, Neufeldt (unveröffentl.)
—	Sidimi (= Narwa)	A	Coll. Zool. Inst. Leningrad
61.	Wladiwostok u. Umgebung	A	Tscherskij 1915a
—	Sedanka	A	Tscherskij 1915a
—	Tigrowaja	J	Coll. Zool. Inst. Leningrad u. Mus. Moskau
—	Sujfun (= Razdolnaja)-Mündung	A	Coll. Zool. Inst. Leningrad

SCHULPIN 1931 — Izw. Akad. nauk, otd. matemat., jestest. nauk, 597, 599.
SEEBOHM 1884 — Ibis (5) 2, 262.
SEEBOHM 1892 — Ibis (6) 4, 89.
SHAW 1932 — Bull. Fan Mem. Inst. Biol. 3/15, 224.
SKRJABIN u. FILONOW 1962 — Trudy Barguzinsk. zapow. 4, 184.
SLATER 1882 — Ibis (4) 6, 432.
SMIRENSKIJ 1974 — Mat. 6. Wsesojuz. orn. konf. Moskwa. 1, 233.
SMYTHIES 1953 — Birds Burma. Edinb. — London. 109.
SOWERBY 1923 (fide MEISE 1934) — Naturalist in Manchuria. Tientsin. 3, 165—166.
SPANGENBERG 1965 — Sborn. trud. Zool. muz. Moskow. uniw. 9, 194.
STANFORD u. MAYER 1941 — Ibis (14) 5, 222.
STANFORD u. TICEHURST 1938 — Ibis (14) 2, 226.
STEGMANN 1929 — Ann. Mus. Zool. Leningrad 29, 231.
STEGMANN 1931 — J. Orn. 79, 203—204.
STEGMANN 1936 — J. Orn. 84, 133.
STRESEMANN 1930 — J. Orn. 78, 79.
STRESEMANN et al. 1937 — J. Orn. 85, 555—556.
STYAN 1891 — Ibis (6) 3, 338.
TACZANOWSKI 1872 — J. Orn. 20, 362.
THAYER u. BANGS 1912 — Mem. Mus. Comp. Zool. Harvard 40/4, 176.
TRAYLOR 1967 — Fieldiana: Zool. 53/1, 41—42.
TSCHERSKIJ 1915a — Zap. Ob. izutsch. Amursk. kraja 14, 213.
TSCHERSKIJ 1915b — Zap Ob. izutsch. Amursk. kraja 14, 110—111.
TUGARINOW 1932 — Pticy Wost. Mongolii. Leningrad. 28.
TUROW 1923 — Mat. fauno ptic Barguzin. kraja. Irkutsk. 28.
VAURIE 1972 — Tibet and its Birds. London. 288.
WEIGOLD 1923 — Abh. Ber. Mus. Tierk. Völkerk. Dresden 16/2, 42.
WEIGOLD 1935 — J. Orn. 83 (SH.), 14; 35; 63.
WOLFE 1950 — Auk 67, 453.
WOROBJOW 1954 — Pticy Ussurijsk. kraja. Moskwa. 242—243.
WOROBJOWA 1926 — Trudy Kom. izutsch. Bajkala 2, 62.
YAMASHINA 1932 — Tori 7, 236.
YAMASHINA 1939 — Tori 10, 499.
ZHAO 1975 — Acta Zool. Sinica 21, 272—287.

Briefliche Auskünfte erteilten E. G. LOBKOW, J. B. PUKINSKIJ (Bikin-Becken)

Phoenicurus auroreus (Pallas)

Spiegelrotschwanz

Gliederung und Verbreitung

Zwei Unterarten: *Phoenicurus au. auroreus* (Pallas) im Norden (UdSSR, Mongolei, Nord- und Nordost-China, Korea) und der etwas dunkler gefärbte *Phoenicurus au. leucopterus* Blyth im Süden des Areals. Bei der Nominatform liegen die hauptsächlichen Vorkommen auf dem Gebiet der Sowjetunion. Es haben sich zwei Verbreitungsinseln herausgebildet. Sie umfassen den Ost-Sajan bis zu seinen nordwestlichen Ausläufern im Schutzgebiet „Stolby", die Mittelsibirische Hochebene, nördlich bis zur Linie Nishneudinsk-Surowo, die den Baikalsee umgebenden Gebirge, die Witim-Hochebene und Transbaikalien östlich bis Darasun-Sretensk, südlich daran angrenzend die Nord-Mongolei und östlich der Kleine Chingan. — Das fernöstliche Gebiet reicht vom Bureja-Gebirge im Westen bis zum Sichote-Alin-Gebirge, nördlich ungefähr bis zum Dorf Romanowka am Amur-Unterlauf und greift nach Süden hin auf das nördliche und zentrale Korea und das nördliche Hopeh über.

Die Unterart *leucopterus* schließt ohne merkliche Unterbrechung dort an die Nominatform an und erstreckt sich, dem mittleren Hoangho folgend, bis in die Umgebung des Kuku-nor nach Süden durch Szechwan, Yunnan, das Likiang-Gebirge bis Südost-Tibet (Tsangpo-Knie).

Bemerkenswert ist der Nachweis eines Brutpaares aus den Jahren 1972 und 1973 nahe der Siedlung Shupanowo (Süd-Kamtschatka; LOBKOW brfl. und 1974, 1978). Möglicherweise handelte es sich um verflogene Exemplare, da bis heute keine weiteren Nachrichten über neuere Bruten auf Kamtschatka vorliegen.

Spezialkarten der Verbreitung bei CHENG 1976 (China) und PIECHOCKI u. BOLOD 1972 (Mongolei).

Oekologie

Die traditionellen Lebensräume sind im gesamten Areal an Gebirgslandschaften gebunden, in denen der Spiegelrotschwanz in den Grenzlagen von dunklen Nadel- und Mischwäldern zur Gebirgstundra, in subalpinen Strauchdickichten mit vertikaler Reliefgliederung wie Berghänge, Steinschläge, Trockentäler oder Felsen zu finden ist (NAZARENKO 1971). In bedeutenden Teilen des Areals lebt der Vogel heute aber auch in Biotopen anthropogener Herkunft, die den ursprünglichen sehr ähnlen: Lichtwälder mit strauchigem Unterholz, Bäume mit Höhlen, Steinhaufen, Holzstöße, Kunstnester und Bauwerke. Diese Anpassung ermöglicht der Art, aus dem subalpinen Berggürtel in die Vorberge zu gelangen, wodurch sein ohnehin kompliziertes Areal noch erweitert und verändert wird.

In der Sowjetunion bewohnen die Spiegelrotschwänze zahlreich die Hochgebirge des Sichote-Alin in 1500—1800 m Höhe, wo Steinbirken-Kriechholz und subalpine freistehende Fichtenwälder vorherrschen (NAZARENKO 1971); im Chechcir-Gebirge trifft man sie in der Fichten-Tannen-Waldzone an (KAZARINOW 1973). In der Zirbel-Kriechholzzone und Bergwald-Grenze der den Baikal-See umgebenden Gebirge und in Transbaikalien ist er selten (TUROW 1923, STEGMANN 1929, MALYSCHEW 1960a, SKRJABIN u. FILONOW 1962, LEONTJEW u. PAWLOW 1963, IZMAJLOW u. BOROWICKAJA 1973). Im Vorgebirgsgürtel lebt *auroreus* in ähnlichen Biotopen, z. B. im Süd-Primorje und im unteren Amur-Tal (KALINNITSCHENKO 1961) auf verwilderten Waldbrandstellen und Einschlägen ehemaliger Fichten-Tannen- oder Zirbel-Tannenwälder, aber auch in

LITERATUR

AUSTIN 1948	Bull. Mus. Comp. Zool. Harvard 101, 210—211.
BAILEY 1913	J. Bombay Nat. Hist. Soc. 22, 368.
BAILEY 1915	J. Bombay Nat. Hist. Soc. 24, 75.
BANGS 1932	Field Mus. Nat. Hist. Publ. 314, Zool. Ser. 18/11, 361.
BANGS u. PETERS 1928	Bull. Mus. Comp. Zool. Harvard 68/7, 350.
BANGS u. PHILLIPS 1914	Bull. Mus. Comp. Zool. Harvard 58/6, 292.
BELOPOLSKIJ 1950	Pamjati Suschkina. Moskwa—Leningrad. 393.
BEREZOWSKI u. BIANCHI 1891	Aves Exped. Potanini Gan-su. St.-Petersb. 92.
BIANCHI 1916	Ann. Mus. Zool. Petrograd 20, 46.
BLACKWELDER 1907	Carnegie Inst. Washington. Publ. 54, Res. China 1/2, 497.
BOGORODSKIJ 1978	Fauna Sib., Chostj. ispol. Irkutsk. 16—17.
CAMPBELL 1892	Ibis (6) 4, 233.
CHENG 1976	Distr. List Chinese Birds. Peking. 558—559.
DEIGNAN 1963	Checklist Birds Thailand. Washington. 162.
DICKINSON 1970	Ibis 112, 483.
DOVE u. GOODHART 1955	Ibis 97, 315.
DYMIN et al. 1977	Shiw. mir Daln. Wost. Blagowestschensk. 3, 44.
FENNELL 1952	Condor 54, 108.
FENNELL u. KING 1964	Condor 66, 243.
GAGINA 1954	Izw. Wost.-Sib. otd. Geogr. ob. SSSR 58, 84.
GORE u. WON 1971	Birds Korea. Seoul. 339.
GRUMMT 1961	Beitr. Vogelk. 7, 360.
GYNGAZOW u. MILOWIDOW 1977	Ornitofauna Zap.-Sib. rawniny. Tomsk. 209.
HACHISUKA u. UDAGAWA 1951	Quart. J. Taiwan Mus. 4/1—2, 69.
INGRAM 1909	Ibis (9) 3, 426.
IWANOW 1952	Trudy Zool. inst. Akad. nauk SSSR 9, 1094.
IWANOW 1976	Katalog ptic SSSR. Leningrad. 164—165.
IZMAJLOW 1967	Pticy Witimsk. ploskogorja. Ulan-Ude. 147—150.
IZMAJLOW u. BOROWICKAJA 1973	Pticy jug.-zap. Zabajkalja. Wladimir. 154—156.
JABOUILLE 1935	L'Ois. 5, 244.
JACHONTOW 1973	Wopr. geogr. Daln. Wost. 11, 228.
JAHN 1942	J. Orn. 90, 183—184.
KALINNITSCHENKO 1961	Mat. 2. nautschn. konf. special. Wladiwostok. 1, 40.
KAZARINOW 1973	Wopr. geogr. Daln. Wost. 11, 18.
KISTJAKOWSKIJ u. SMOGORSHEWSKIJ 1964	Nautsch. dokl. wys. schkoly. Biol. nauki 3, 28.
KISTJAKOWSKIJ u. SMOGORSHEWSKIJ 1973	Wopr. geogr. Daln. Wost. 11, 218.
KLEINSCHMIDT 1923	Abh. Mus. Tierk. Völkerk. Dresden 16/2, 42.
KLEINSTÄUBER u. SUCCOW 1978	Mitt. Zool. Mus. Berlin, Suppl. 54. Ann. Orn. 2, 28.
KOZLOWA 1930	Pticy Zabajkalja, Sew. Mongolii i centr. Gobi. Leningrad. 263—264.
KOZLOWA 1933	Pticy i promysl. mlekopit. wost. Kenteja. Leningrad. 42.
KRUTOWSKAJA 1958	Trudy Zapow. „Stolby" 7, 263.
LA TOUCHE 1920	Ibis (11) 2, 667—668.
LA TOUCHE 1922	Ibis (11) 4, 455.
LA TOUCHE 1930	Proc. Unit. States Nat. Mus. 77/15, 22.
LEONTJEW u. PAWLOW 1963	Ornitologija 6, 172.
LITWINENKO u. SCHIBAJEW 1971	Trudy Zapow. „Kedrowaja padj" 2, 184.
LITWINOW u. GAGINA 1977	Ekol. ptic Wost. Sib. Irkutsk. 187.
LOBKOW 1974	Mat. 6. Wsesojuz. orn. Konf. Moskwa. 2, 334.
LOBKOW 1978	Sborn. trud. Zool. muz. Mosk. uniw. 17, 67.
LÖNNBERG 1909	Ark. Zool. B. 5/9, 22.
LUDLOW 1944	Ibis 86, 183—184.
LUDLOW 1951	Ibis 93, 559.
MACFARLANE 1963	Ibis 105, 324.
MALYSCHEW 1960a	Trudy Wost.-Sib. fil. Sib. otd. Akad. nauk. SSSR 23, 66.
MALYSCHEW 1960b	Trudy probl. temat. sowestsch. Zool. inst. Akad. nauk SSSR 9, 87.
MAUERSBERGER 1980	Mitt. Zool. Mus. Berlin. Suppl. 56. Ann. Orn. 4, 140.
MAUERSBERGER 1981	Mitt. Zool. Mus. Berlin. Suppl. 57. Ann. Orn. 5, 51.
MEISE 1934	Abh. Mus. Tierk. Völkerk. Dresden 18, 45.
MOLLESON 1896	Kratkie swed. raspr. ptic okrest. Troickosawka. Irkutsk. 15.
MOYER 1955	Auk 72, 430.
NAZARENKO 1971	Trudy Zapow. „Kedrowaja padj" 2, 103.
NETSCHAJEW 1969	Pticy Jushn. Kurilsk. ostrow. Leningrad. 154.
OMELKO 1979	Ornitologija 14, 219.
OUSTALET 1893	Nouv. Arch. Mus. Hist. nat. Paris (5) 4, 156—157.
PANOV 1973	Birds South Ussuriland. Novosibirsk. 202.
PAWLOW 1948	Pticy i zweri Tschit. obl. 67, 144.
PIECHOCKI 1958	Abh. Ber. Mus. Dresden 24, 154.
PIECHOCKI u. BOLOD 1972	Mitt. Zool. Mus. Berlin 48, 121; 123—124.
POLIWANOW 1981	Ekol. ptic-duplognezed. Primorjja. Moskwa. 120—125.
PRSHEWALSKIJ 1876	Mongolei u. Land Tanguten. St.-Petersb. 2, 37—38.
RADDE 1863	Reisen Ost-Sibirien. St.-Petersburg 2, 255—257.
REJMERS 1963	Sezon. i wekow. dinam. prir. Sib. Irkutsk. 40.
REJMERS 1966	Pticy, mlekop. jushn. tajgi Sredn. Sib. Moskwa—Leningrad. 211.
RILEY 1926	Proc. Unit. States Nat. Mus. 70/5, 37.
RILEY 1930	Proc. Unit. States Nat. Mus. 77/15, 27.
RILEY 1931	Proc. Unit. States Nat. Mus. 80/7, 56.
ROTHSCHILD 1923	Novit. Zool. 30, 254.
ROTHSCHILD 1925	Novit. Zool. 32, 298.
RUZSKIJ 1946	Trudy Tomsk. univ. (Biol.) 94, 47.
SCALON u. SLUDSKY 1933	Gerfaut 23, 194—195.
SCHÄFER 1938	J. Orn. 86 (SH.), 231—232.
SCHÄFER u. MEYER DE SCHAUENSEE 1939	Proc. Acad. Nat. Sci. Philadelphia 40, 221—222.
SCHKATULOWA 1970	Wopr. geogr., biol. Tschita. 48—49.
SCHTILMARK 1973	Wopr. geogr. Daln. Wost. 11, 54.
SCHULPIN 1930	J. Orn. 78, 74.

Nr.	Fundort		Quelle
62.	Oberlauf der Suputinka (= Komarowka)	NJ	Iwanow 1952
—	Fluß Pejschula (= Suworowka) mit der Siedlung Lesnoj Kordon	ABNJa	Neufeldt (unveröffentl.)
63.	Nowowladimirowka	ABNJ	Tscherskij 1915b
64.	Tamga	J	Coll. Zool. Inst. Leningrad
65.	Fluß Iman (= Bolschaja Ussurka)	Bs	Spangenberg 1965
66.	Fluß Bikin	NJ	Pukinskij brfl. 1980
67.	Chechcir-Gebirge	A	Kazarinow 1973
68.	Wjatskoje	A	Kistjakowskij u. Smogorshewskij 1973
69.	Sarapulskoje	A	Kistjakowskij u. Smogorshewskij 1973
70.	Fluß Bolschaja Samarga	B	Jachontow 1973
—	Fluß Stolbowaja	J	Coll. Zool. Mus. Moskau
71.	„Kleiner Chingan"	As	Stegmann 1931
—	Bureja-Gebirge bei Radde	B	Jachontow 1973
72.	Oblutschje	B	Jachontow 1973
—	Kundur	B	Smirenskij 1974
		BN	Dymin et al. 1977
73.	Kleiner Chingan: Wuying	ABJ	Piechocki 1958
	Liangshuikou	Js	Piechocki 1958
74.	Jalamte	A	Yamashina 1939
75.	Lamagulusu	A	Yamashina 1939
76.	Macerschan	A	Meise 1934
77.	Chandaochetzsy (205 km SE Charbin; 23. IV.)		Meise 1934
78.	Hamgyong Pukto	AcN	Austin 1948
79.	Hsiao Shan	A	Ingram 1909
—	Changbai Shan	ABNJ	Zhao 1975
80.	Nojido	AJ	Yamashina 1932
81.	am Jalu (270 km von der Mündung)	Bc	Sowerby 1923 (fide Meise 1934)
82.	Rjongaksan (7. V.)	s	Mauersberger 1981
83.	Chosen	A	Yamashina 1932
84.	Kangwon Do	AcN	Austin 1948
85.	Chungchong Pukto	Ac	Austin 1948
86.	Kyonggi Do	Ac	Austin 1948
87.	Söul u. Chemulpo	Bc	Campbell 1892
—	Nam-san	N	Fennell u. King 1964
88.	Neachon	A	Macfarlane 1963
—	Sandok	N	Macfarlane 1963
89.	Selenga-Fähre (Dulanchan-ul-Berge)	J	Piechocki u. Bolod 1972
90.	Bajan-gol (E Mandal)	AJs	Mauersberger 1980
91.	Fluß Chara	J	Lönnberg 1909
92.	Sajchany-Zaravč	AB	Piechocki u. Bolod 1972
93.	Tereldsh gol	ABJa	Mauersberger 1980
94.	Bogd-uul	AJa	Mauersberger 1980
—	Ulan-Bator (9.—12. V.)		Grummt 1961
—	Nalaicha	AJ	Tugarinow 1932
—	Becken d. ob. Kerulen (Flüsse Ilur, Tenjun, Terelsha)	Ac	Kozlowa 1933
—	Kerulen	A	Piechocki u. Bolod 1972
95.	Nojan-ula-Massiv	BJ	Kleinstäuber u. Succow 1978
—	Ireé	A	Kleinstäuber u. Succow 1978
96.	Suczukte	AN	Kozlowa 1930
—	Arangatu	A	Kozlowa 1930
97.	Orchon-Wasserfall	AB	Mauersberger 1980
—	Chudshirt	A	Mauersberger 1980
98.	Tien-tang-tse, Tschau-tou	AN	Stresemann et al. 1937

Nr.	Fundort		Quelle
99.	Cinj-anj-sjanj	Ac	Bianchi 1915
100.	30—60 miles NW Ninghsia	Ac	Riley 1930
101.	Jamata	Ac	Bianchi 1915
—	Chotyn-gol	Ac	Bianchi 1915
102.	Muni-ula	ANJc	Prshewalskij 1876
103.	Ulan-muren	A	Berezowski u. Bianchi 1891
104.	Utaj-schanj	A	Berezowski u. Bianchi 1891
105.	Hsiling (westl. Kaisergräber)	Aa	Weigold 1923
—	Bannwaldgebiet	J	Weigold 1923
106.	Mount Mulei (8.—28. IX.)		Yamashina 1939
107.	Jehol: Umgebung von Bago (= Pingtsüen)	AB	Weigold 1935
108.	N Chinwangtao	ANJa	La Touche 1920
109.	Taishan	A	Piechocki 1958
110.	Wei-ho-Tal und die S davon gelegene Gebirgsregion	AcN	Blackwelder 1907
111.	circa 250 km S Lanchow	A	Riley 1930
112.	Mount Lieuhoashan (Minshan-Gebirge)	B	Bangs u. Peters 1928
113.	Oberes u. Unteres Tebbu-Land	A	Bangs u. Peters 1928
114.	Jyekundo	A	Schäfer u. Meyer de Schauensee 1939
		N	Schäfer 1938
115.	Tincagha	A	Oustalet 1893
—	Tchoka	A	Oustalet 1893
116.	Dawo	A	Schäfer u. Meyer de Schauensee 1939
117.	Dun Shih Go (Mouping)	A	Traylor 1967
118.	Kwan	N	Weigold 1923
119.	Wenchwan	J	Riley 1931
120.	Chang-Yang Hsien	ABc	La Touche 1922
121.	Wen Shui	A	Traylor 1967
122.	Shan Tai Su (E Suifu; 1. V.)		Traylor 1967
123.	Lung An Su (60 km W Suifu; 3. V.)		Traylor 1967
124.	Kiating	A	Thayer u. Bangs 1912
125.	Mount Omei	J	Riley 1931
126.	Chung Chiang Miao (S Teng-Fluß)	A	Traylor 1967
127.	Nitou	Ac	Schäfer u. Meyer de Schauensee 1939
128.	Waschan	A	Weigold 1923
129.	Tatsienlu	A	Weigold 1923
130.	Yanwekong	A	Riley 1931
131.	Baurong	A	Bangs 1932
132.	Muli (7. IV.)		Bangs 1932
—	Noön (E Muli)	J	Riley 1931
133.	Lapo-Laze	A	Riley 1931
134.	Lichiang Range	J	Rothschild 1923, Riley 1926
135.	zw. Yen ching u. Kia La	N	Bailey 1913
—	Kong Se Ka	N	Bailey 1913
136.	Pe	A	Ludlow 1944
—	Gyala	J	Ludlow 1944
—	Timpa	N	Bailey 1915
—	Doshong La	A	fide Vaurie 1972
137.	Dzeng	AcB	Ludlow 1951
—	Lusha	A	Ludlow 1944
138.	Tse (Tsela Dzong)	N	Ludlow 1944
139.	Natrampa (Chayul Chu)	N	Ludlow 1944

Licht- und Breitlaubwäldern an Flußtälern oder steilen Felsen (TSCHERSKIJ 1915b, SPANGENBERG 1965, LITWINENKO u. SCHIBAJEW 1971, NAZARENKO 1971, POLIWANOW 1981). Am Lena-Oberlauf ist er als einer der häufigsten Vögel in den an Wasserläufen gelegenen Wäldern zu finden (REJMERS 1963, 1966). Auf dem Witim-Plateau und in Transbaikalien ist der Spiegelrotschwanz zahlreicher in Vorgebirgen als in der oberen Gebirgszone anzutreffen, wobei er den Rand lichter Lärchen-, Kiefern-, Kiefer-Lärchen- und Birken-Lärchenwälder bevorzugt (LEONTJEW u. PAWLOW 1963, IZMAJLOW 1967, IZMAJLOW u. BOROWICKAJA 1973).

Die daran angrenzenden, auf nordmongolischem Gebiet liegenden Vorkommen weichen in ihrer Habitatstruktur nicht oder nur unwesentlich von den bereits beschriebenen ab. Für den Chentei bezeichnet ihn KOZLOWA (1933) als häufigen Vogel, der in allen Flußtälern und Mischwäldern zu sehen ist. Nach neuesten Mitteilungen liegen Funde aus dem Kammgebiet und Hangwald am Bogd-ul und in der Waldaue von Tereldsh gol vor; auch in einzelstehenden Lärchen an hohen Felswänden konnten die Rotschwänze beobachtet werden (MAUERSBERGER 1980). KLEINSTÄUBER u. SUCCOW (1978) sahen *auroreus* in der Gebirgstaiga des Najan-ula-Massivs und ihren Ausläufern und geben als Vorzugshabitat Felskämme sowie Felsklippen inmitten lichter Gebirgs-Kiefernwälder oberhalb 1300 m an.

Völlig anders gestaltete Biotope als die oben beschriebenen sind aus dem nördlichen Teil des Verbreitungsgebietes nicht bekannt. Habitate von gleicher Beschaffenheit findet man somit auch im Kleinen Chingan, der Taigacharakter aufweist und die Übergangszone zwischen sommergrünem Laubwald und Nadelwald bildet (PIECHOCKI 1958), und ebenfalls in Korea. Hier bevorzugen die Spiegelrotschwänze im allgemeinen niedriges Buschwerk, Dickichte und die an Gehölze angrenzenden Strauchränder oder Buschkanten offener Felder (FENNELL 1952, MOYER 1955, WOLFE 1950); im Winter verstreuen sie sich über das Flachland und werden zu vertrauten Garten- und Parkbewohnern, selbst im Zentrum der Stadt Seoul (GORE u. WON 1971).

Im südlichen, dem chinesischen Teil des Verbreitungsgebietes, verändert sich teilweise, regional bedingt, das Spektrum der biotopbildenden Pflanzenarten. Häufig werden in Szechuan im Gebiet des Omei Shan und um Hochwan außer Nadelwäldern auch Bambushaine und Grasländer bewohnt (SHAW 1932) oder, wie am Lieuhoashan, Weidengehölze und im Oberen Tebbu-Land Wacholderbestände (BANGS u. PETERS 1928). Im Überwinterungsgebiet der Szetschuan-Ebene taucht *auroreus* recht vertraut in Tempelhainen und Missionsgärten auf, während er zur Brutzeit als scheuer Vogel bekannt ist, der sich nach Fliegenschnäpperart im Gebüsch und hohen Bäumen aufhält. In einigen Gebirgsgegenden lebt der Rotschwanz unter speziellen Bedingungen: In trockenen Schluchten mit spärlichem Strauchbewuchs und auch in völlig kahlen Felsen, vergleichbar den Biotopen von *Monticola saxatilis* oder *Monticola solitaria*, z. B. Muni-ula (PRSHEWALSKIJ 1876), Alaschan (BIANCHI 1915), Nord-Gansu (STRESEMANN et al. 1937), Umgebung Taishan (PIECHOCKI 1958).

Vielerorts hat sich dieser Rotschwanz in nächster Nähe zum Menschen niedergelassen und brütet in Kulturgelände und kleinen Gehölzen (SCHÄFER 1938), in Sekundärwäldern an Straßen und Wegen, verlassenen Bauwerken (KLEINSCHMIDT 1923, KOZLOWA 1930, ZHAO 1975, KLEINSTÄUBER u. SUCCOW 1978). An der Peripherie des in der Sowjetunion liegenden Verbreitungsgebietes, in den Vorgebirgsgegenden, lebt der Spiegelrotschwanz ausschließlich in oder nahe von menschlichen Siedlungen (IWANOW 1952, IZMAJLOW 1967, LITWINENKO u. SCHIBAJEW 1971, NAZARENKO 1971, IZMAJLOW u. BOROWICKAJA 1973, PANOV 1973, SCHTILMARK 1973, SMIRENSKIJ 1974, DYMIN et al. 1977, POLIWANOW 1981, NEUFELDT unveröffentl.). Anscheinend ist dieses Anpassungsvermögen an ein neues Milieu eine Möglichkeit zur künftigen Ausdehnung des Areals (z. B. das zeitweilige Vorkommen auf Kamtschatka).

Phoenicurus auroreus ist Höhlenbrüter; seine Nester liegen geschützt zwischen Steinen, in Felsspalten, in Baumhöhlen, unter Wurzeln oder auch unter Dächern und in Hauswänden, in Holzhaufen oder vom Menschen angebrachten Nistkästen (BLACKWELDER 1907, DYMIN et al. 1977, FENNELL u. KING 1964, IZMAJLOW 1967, IZMAJLOW u. BOROWICKAJA 1973, KOZLOWA 1930, KRUTOWSKAJA 1958, LA TOUCHE 1930, LITWINENKO u. SCHIBAJEW 1971, LOBKOW brfl. 1980, NEUFELDT unveröffentl., PANOV 1973, POLIWANOW 1981, SMIRENSKIJ 1974, STRESEMANN et al. 1937, WEIGOLD 1923, ZHAO 1975).

Das Nest ist tassenförmig, verhältnismäßig locker und besteht aus Moosen, Rinde, feinen Graswurzeln, trockenen Gräsern, Ranken und Blättern, Haaren und Wolle; Federn von Hausgeflügel, Flaumfedern, Hanf- und Baumwollfasern dienen zur Auspolsterung. Normal ist ein Gelege, doch können bei sehr früh brütenden Paaren auf sowjetischem Territorium auch gelegentlich Zweitbruten vorkommen (POLIWANOW 1981). Ob im Priamur- und Primorskij-Gebiet Zweitbruten gezeitigt werden oder ob es sich um Spätgelege während einer extrem ausgedehnten Brutperiode handelt, ist nach Meinung sowjetischer Forscher noch strittig (WOROBJOW 1954, SCHTILMARK 1973). Früheste Eiablage am 28. 4., späteste am 23. 6. im Süd-Primorje (BELOPOLSKIJ 1950, LITWINENKO u. SCHIBAJEW 1971, POLIWANOW 1981, NEUFELDT unveröffentl.); vollständiges Gelege am 19. 5. am unteren Amur (KISTJAKOWSKIJ u. SMOGORSHEWSKIJ 1973); am 10. 7. eben ausgeflogene Junge bei der Station Uril/Mittel-Amur (DYMIN et al. 1977). — Im südlichen Transbaikalien eindeutig zwei Gelege: Das erste Ende Mai/erste Hälfte Juni, das zweite Ende Juni—Juli (19.—20. 7. unbebrütete Gelege; IZMAJLOW u. BOROWICKAJA 1973). In Cisbaikalien und im Süden Mittelsibiriens wurde nur ein Vermehrungszyklus festgestellt (STEGMANN 1936, GAGINA 1954, LITWINOW u. GAGINA 1977, WOROBJEWA 1926, REJMERS 1966, KRUTOWSKAJA 1958). Offenbar ist aber eine über mehrere Monate andauernde Brutperiode mit Zweitgelegen (ZHAO 1975) für diesen Rotschwanz nicht außergewöhnlich, denn es sind frühe und späte Brutnachweise aus dem nichtsowjetischen Arealteil bekannt, die sich nahezu mit den oben erwähnten decken: Am 22. 4. Nest ohne Gelege bei Kwan (WEIGOLD 1923), im August ein brütendes Paar bei Yekundo (SCHÄFER 1938); am 18. 7. ein fütterndes Paar im Kleinen Chingan (PIECHOCKI 1958). Am 19. 6. im Süd-Tetung-Gebirge zwei Nester mit unbebrüteten Eiern und ein Nest mit Jungen und einem Ei (STRESEMANN et al. 1937).

Eizahl 4 bis 7; Grundfarbe der Eischale entweder weiß, schwach rosa, mit verstreuten rötlichbraunen und rötlichgelben Flecken oder grünlich himmelblau, gleiches Muster. Häufigkeit der Flecken unterschiedlich, meist am stumpfen Pol konzentriert.

Als Nahrung dienen dem Rotschwanz im Sommer ausschließlich Insekten, die er ebenfalls zur Aufzucht seiner Brut benötigt; dazu kommen in den anderen Jahreszeiten Samen und Früchte (STYAN 1891, ZHAO 1975), z. B. von *Rhus succedanea, javanica, trichocarpa* in Japan (JAHN 1942), von *Aralia mandschurica* und *Evonymus* auf der De-Vries-Halbinsel (OMELKO 1979) und Beeren von Geißblatt, Schneeball und *Acanthopanax* (PANOV 1973, POLIWANOW 1981).

Wanderungen

Phoenicurus auroreus ist Zugvogel. Die Nominatform streift in südöstlicher Richtung die Mongolei, Korea, Süd-Japan und die südlich angrenzende Inselwelt, teilweise Nordchina, um von Süd-Hondo (JAHN 1942), Tsu-shima (SEEBOHM 1892), dem Inselbogen folgend über Formosa (HACHISUKA u. UDAGAWA 1951, Coll. Zool. Mus. Berlin), Hongkong (DOVE u. GOODHART 1955), Kwangtung und Kwangsi (STRESEMANN 1930; Coll. Zool. Mus. Berlin), nördlich Hainan (JABOUILLE 1935) und im unteren Yangtsekiang-Tal (SEEBOHM 1884, SLATER 1882) zu bleiben. Ein geringer Teil aus der unteren Amur-Gegend zieht durch das südliche Sachalin und die Kurilen, wo sich in milden Wintern auch wenige Exemplare aufhalten können (Kunaschir am 27. 2. 63; NETSCHAJEW 1969). Der Abzug aus den Brutgebieten beginnt gewöhnlich Mitte September und reicht, geographisch bedingt, bis teilweise Anfang November (BELOPOLSKIJ 1950, PANOV 1973, OMELKO 1979). Bei gutem Nahrungsangebot können die Rotschwänze nahe ihrer Sommerorte bis zum einsetzenden Schneefall ausharren. Die Rückkehr in die Brutgebiete beginnt im Primorje in der ersten Dekade April, in Sibirien Ende April bis erste Maiwoche.

Verflogene Exemplare von *Phoenicurus auroreus auroreus* in West-Sibirien: Barabinsk 30. 5. 1937 (RUZSKIJ 1946), Tomsk 28. 5. 1974 (GYNGAZOW u. MILOWIDOW 1977). Von der Unterart *leucopterus* sind neben Winterfunden aus dem Brutgebiet solche bekannt aus Yunnan und Szechuan (BANGS u. PHILLIPS 1914, ROTHSCHILD 1925, RILEY 1926), Nord-Burma (STANFORD u. MAYR 1941, STANFORD u. TICEHURST 1938, Coll. Zool. Mus. Berlin), den Chin Hills und Shan States (SMYTHIES 1953), Thailand: Chiang Rai, Chaiya Prakan, Chiang Mai (DEIGNAN 1963), Nord-Laos (DICKINSON 1970).

XI

1983

Phoenicurus erythronotus (Eversmann)

bearbeitet von

I. A. NEUFELDT und E. v. VIETINGHOFF-SCHEEL

Phoenicurus erythronotus (Eversmann)

Zügelrotschwanz

Verwandtschaft

Monotypische Art. Über verwandtschaftliche Beziehungen s. bei *Phoenicurus alaschanicus*.

Zur Verbreitung

Das Brutgebiet umfaßt die Gebirgssysteme des Tienschan (von den östlichen Ausläufern des Alai und des Kok-Schaal-Tau im Süden bis zum Dshungarischen Alatau im Norden und vom Fergana-Gebirge und den östlichen Ausläufern des Talasskij-Alatau im Westen bis zum Bogdoschan im Osten); das Saur-Gebirge, den Russischen Altai (im Westen bis zum Asutau im Süd-Altai, die Flüsse Nishnij Ujmon im Zentral-Altai und Toputscha im Nordwest-Altai; das Altyn-Tu-Gebirge im Norden bis südlich zum Sajlugem im Ost-Altai). Der benachbarte Mongolische Altai scheint die natürliche Fortsetzung des Areals nach Osten hin zu bilden, zumindest dort, wo Lärchenwälder die Berge im Kobdo-Becken bedecken, jedoch stehen zuverlässige Angaben über das Brüten in diesem Raum noch aus. Nach SUSHKIN (1938) wurde *Ph. erythronotus* am Baingol gefunden; ein im Becken des oberen Kobdo bei Najan-Nur am 3. Oktober erlegtes Exemplar befindet sich in der Coll. Zool. Inst. Leningrad. — Weitere Vorkommen liegen in den mongolischen Gebirgen Charchira-ul und Turgen-ul, im westlichen und östlichen Tannu-ola-Gebirge, im West-Sajan, in den östlichen Tuwa-Vorbergen, dem Ost-Sajan (südlich bis zum Birjuza-Gebirge) und im Chamar-Daban-Gebirge (östlich bis zum Fluß Temmik). Von Cis-Baikalien reicht das Brutgebiet bis zu den nordwestmongolischen Hochgebirgen, die den Chubsugol umgeben, zum Tarbagataj und Changaj, im Süden bis zur Orchon-Quelle.

Phoenicurus erythronotus ist eng an das Übergangsgebiet von Nadelwald zum subalpinen Strauchgürtel in der Hochgebirgszone gebunden, lebt aber im Gegensatz zu *Ph. caeruleocephalus* nicht in Wacholderbeständen. Bedingt durch diese Anpassung sind Vorkommen und Häufigkeit im Areal recht unterschiedlich. So bewohnt er im Nordost-Alai prinzipiell nur Hänge, auf denen kleine Inseln von *Picea schrenkiana* vorhanden sind. Im Fergana-Gebirge ist er selten, besiedelt nur den östlichen Talasskij- und Terskej-Alatau, wo er, wie in den übrigen Gebirgen des Zentral-Tienschan, nicht häufig ist. Dagegen tritt er im Kirgisen-Gebirge, Transili-Alatau und das Ketmenj-Gebirge bei Vorhandensein geeigneter Fichtenwälder in größerer Menge auf. Im westlichen Dshungarien brütet er nur im Saur-Gebirge und fehlt, trotz der Hinweise von VAURIE (1959) und STEPANJAN (1978), in den von Nadelwäldern baren Steppengebirgen des Tarbagataj. Möglicherweise beziehen sich diese Angaben auf Vorkommen in gleichnamigen Gebirgen der Nordwest-Mongolei, wo *erythronotus* tatsächlich, wie auch im Changaj, zur Brutzeit häufig ist. Im Altai bewohnt er die bewaldeten zentralen, selten dagegen die südöstlichen und überhaupt nicht die westlichen Teile.

Spezialkarten der Verbreitung bei CHENG (1976), JANUSCHEWITSCH et al. (1960), KUZJMINA (1970), PIECHOCKI u. BOLOD (1972), SCHNITNIKOW (1949).

Oekologie

Im gesamten umrissenen Gebiet brütet *Ph. erythronotus* an der oberen Nadelwaldgrenze, in lichten Hochgebirgswäldern, die mit Strauchwerk, anstehendem Fels, losgelösten Gesteinsbrocken und mit subalpinen bzw. alpinen grasbewachsenen Lichtungen abwechseln. Dichte undurchlässige Wälder oder ausgedehnte Felswände werden gemieden. Im Gebirgssystem des Tienschan (UdSSR) sind die Vorzugshabitate lichte Wälder aus *Picea schrenkiana* und die untere Kriechwacholderzone (*Juniperus turkestanica*, *J. sibirica*). Die optimalen Existenzbedingungen befinden sich bei dieser Rotschwanzart in Höhen zwischen 2500 und 2800 m. Praktisch aber lebt sie im ganzen Wacholderstrauchgürtel und wird mitunter niedriger bis zu 2000 m und höher bis 3300—3500 m gefunden (KORELOW 1956, STEPANJAN 1960, WINOKUROW 1961, PORTENKO 1961, KUZNECOW 1962, GAWRILOW u. KOWSCHARJ 1972, NEUFELDT et al. 1978). Im Ost-Tienschan (China) und im Saur-Gebirge liegen die Vorkommen tiefer, obwohl die Wälder noch Bestände von *Picea schrenkiana* aufweisen (im Gebiet von Urumtschi z.B. nur bis 2000 m); in niedrigen Lagen sind die Bestände häufiger mit *Larix sibirica* und im Dsungarischen Alatau mit *Abies sibirica* vermischt. Im Altai siedelt *Ph. erythronotus* bis zur oberen Waldgrenze in 1800—2200 m und bis 2400 m (SUSHKIN 1938, NEUFELDT unveröffentl.). Vom Oberlauf des Tschulyschman (Nordost-Altai) sind Sommerfunde nur von der oberen Grenze der *Pinus sibirica*-Wälder bekannt (FOLITAREK u. DEMENTJEW 1938). Im übrigen Altai, wo Lärchenwälder mit teilweiser Zirbelbeimischung vorherrschen, ist er an deren obere Existenzgrenze gebunden, in der Mongolei (Tarbagatai und Changaj) an die Grenze der Lärchenwälder bei 2300—2500 m (KOZLOWA 1932).

Das Nest ist gewöhnlich in einer Bodenvertiefung gebaut, immer gut geschützt, wie z.B. unter Steinen, unter überhängendem Gras oder Zweigen, unter oder in Wurzeln, unter verfaulten Stubben (SCHESTOPEROW 1929, KORELOW 1956, STEPANJAN 1960, JANUSCHEWITSCH et al. 1960, KUZNECOW 1967, NEUFELDT et al. 1978, KOWSCHARJ 1979), seltener zwischen Steinen (KOZLOWA 1932, KOWSCHARJ l. c.).

Als hauptsächliches Baumaterial dient, einheitlich im Areal, Moos. Die Außenwand besteht meist aus groben Stengeln von Gräsern, Bastfasern des Wacholder, manchmal auch dünnen Fichtenwurzeln. Innen ist es mit zarten Gräsern, oft auch

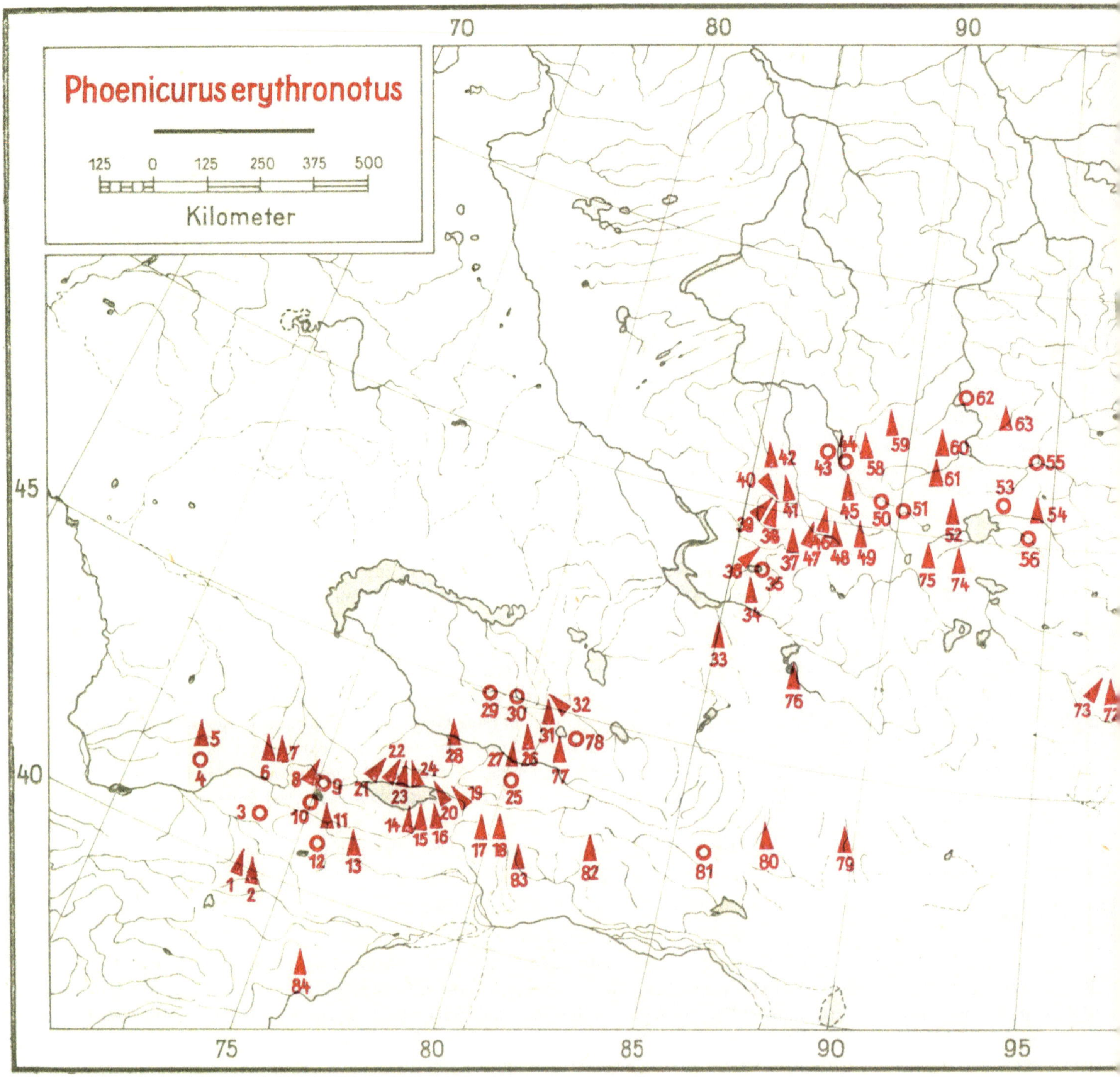

FUNDORTLISTE

Nr.	Fundort		Quelle
1.	Paß Tartkul	A	Stolzmann 1897
2.	Sufikurgan	A	Coll. Zool. Inst. Leningrad
—	Paß Jagatschart	A	Coll. Zool. Inst. Leningrad
—	Paß Artschat	J	Coll. Zool. Inst. Leningrad
3.	Fergana-Gebirge	A	Januschewitsch et al. 1960
4.	Tschatkal-Gebirge ↓	A	Januschewitsch et al. 1960
5.	Karabura-Fluß (Talasskij-Alatau)	J	Coll. Zool. Inst. Leningrad
6.	Sandyk (Merke-Quelle)	AJc	Portenko 1961; Coll. Zool. Inst. Leningrad
7.	Sokuluk-Fluß	J	Kuznecow 1962
8.	Issykata	J	Kuznecow 1962
9.	Sonkeltau	A	Januschewitsch et al. 1960
10.	Moldotau	A	Januschewitsch et al. 1960
11.	Karachodshur (= Karaunkur)	J	Schnitnikow 1949
12.	Atbaschi-Gebirge	ANJ	Januschewitsch et al. 1960
		B	Stepanjan 1960
13.	Kaindy-Schlucht (Naryntau)	AN	Stepanjan 1960
14.	Ak-Terek-Schlucht	J	Stepanjan 1959
—	Turgenj Ak-Su-Schlucht	J	Stepanjan 1959
15.	Tschon-Kyzyl-Su-Schlucht (S Pokrowka)	N	Stepanjan 1960
—	Kara-Batkak-Schlucht	JA	Stepanjan 1959
		N	Stepanjan 1960
—	Tekeli-Tor-Schlucht	JA	Stepanjan 1959

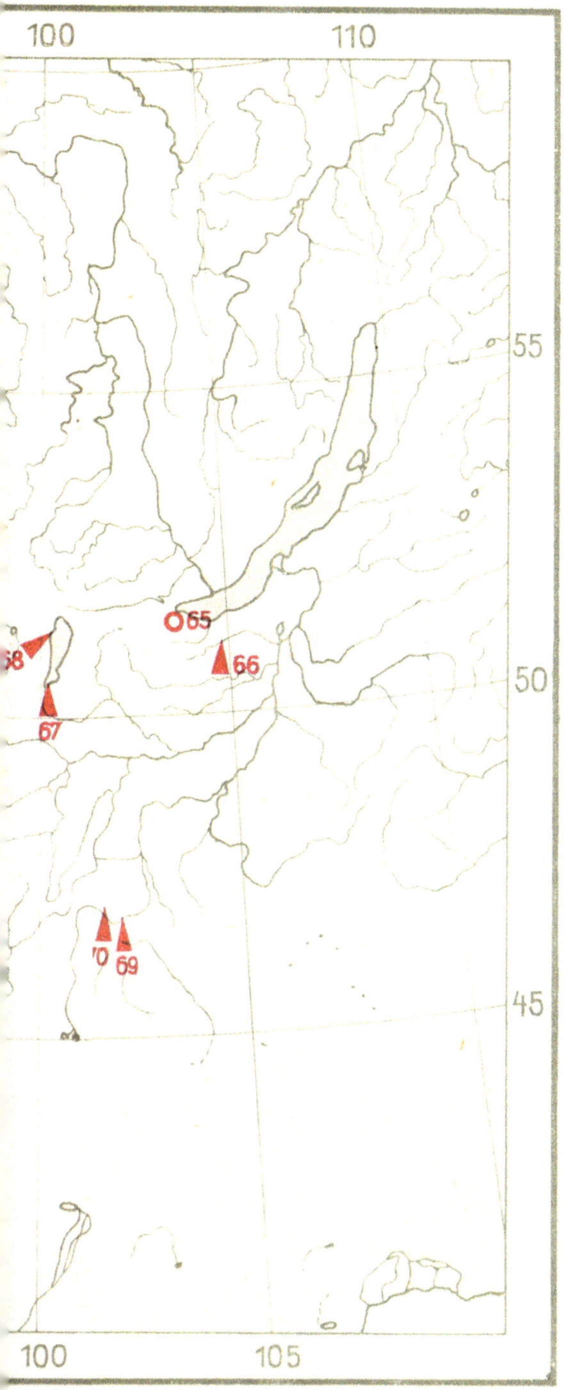

16.	Umgebung Prshewalsk	A	Coll. Zool. Inst. Leningrad
—	Kujmo (SE des Issyk-Kul)	A	Coll. Zool. Inst. Leningrad
17.	Oberlauf des Kokshar	BN	Winokurow 1961
18.	Oberlauf des Tekes (Umgebung Narynkol)	ANc	Schnitnikow 1949
		BN	Winokurow 1961
		J	Coll. Zool. Inst. Leningrad
19.	Kulsaj-Schlucht (Tau-Tschilik)	J	Kowscharj 1972
20.	Kurmenty (= Kurmekty)	A	Coll. Zool. Inst. Leningrad
21.	Kaskelen-Schlucht	NJ	Kuzjmina 1970
22.	Umgebung Bolschoje Almatinskoje-See	ABNJc	Gawrilow u. Kowscharj 1972, Neufeldt et al. 1978; Coll. Zool. Inst. Leningrad
23.	Talgar-Schlucht	A	Coll. Zool. Inst. Leningrad

24.	Issyk-See	A	Coll. Zool. Inst. Leningrad
25.	Ketmenj-Gebirge	NJc	Korelow 1956
26.	Tyschkan (= Tyschkan-tau)	B	Zarudnyj u. Korejew 1906
27.	Umgebung Dsharkent (= Panfilow)	N	Schestoperow 1929
—	Usek-Oberlauf	B	Kuzjmina 1970
—	Burchan-Schlucht	A	Zarudnyj u. Korejew 1906; Coll. Zool. Inst. Leningrad
—	Andshelaw-Schlucht	J	Coll. Zool. Inst. Leningrad
28.	Nordhang d. Altyn-Emel-Gebirges	B	Kuzjmina 1970
29.	Oberlauf des Karatal	B	Kuzjmina 1970
—	Fluß Kora (Kapal)	J	Schnitnikow 1949
30.	Oberlauf des Aksu	B	Kuzjmina 1970
31.	Fluß Bolschoj Baskan	B	Kuzjmina 1970
32.	Terekty-Schlucht (S Lepsinsk)	B	Kuzjmina 1970
33.	Zajsan (Saur)	A	Coll. Zool. Inst. Leningrad
—	Saur-Gebirge	Bs	Kuzjmina 1970
—	zw. Saissansk u. Ulungur (8. III.)		Pleske 1890
34.	Aleksejewskij (= Aleksejewka; 22. IV.)		Sushkin 1938
35.	Ostufer des Markakol	B	Kuzjmina 1970
36.	Altajskaja (Katon-Karagaj)	A	Bianchi 1907
		J	Coll. Zool. Inst. Leningrad
37.	Rachmanowskie klutschi	AJ	Sushkin 1938
38.	Multinskie belki	A	Sushkin 1938
39.	Werchnij Ujmon	A	Sushkin 1938; Coll. Zool. Inst. Leningrad
40.	Margalinskie belki (N Nishnij Ujmon)	A	Sushkin 1938
41.	Ulugumenskie belki	A	Sushkin 1938
42.	Toputschi (= Toputscha)	A	Sushkin 1938; Coll. Zool. Inst. Leningrad
43.	Altyn-Tu-Gebirge	AJ	Sushkin 1938; Coll. Zool. Inst. Leningrad
		BJa	Rawkin 1973
44.	Berg Kulschtru	J	Coll. Zool. Inst. Leningrad
45.	Tumuljuk (E Ustj-Ulugan)	J	Sushkin 1938; Coll. Zool. Inst. Leningrad
46.	Ak-Tru-Schlucht (SW Kuraj)	N	Kuznecow 1967
—	Oberlauf des Tete	A	Sushkin 1938; Coll. Zool. Inst. Leningrad
47.	Topolewka (= Karagem)	A	Sushkin 1938; Coll. Zool. Inst. Leningrad
48.	Tschagan-Uzun-Schlucht	ABJ	Neufeldt (unveröffentl.); Coll. Zool. Inst. Leningrad
—	Kuschkonur-Schlucht	ABJ	Neufeldt (unveröffentl.); Coll. Zool. Inst. Leningrad
—	Fluß Taldura	ABJ	Neufeldt (unveröffentl.); Coll. Zool. Inst. Leningrad
49.	Fluß Bogozun (= Buguzun)	AJ	Coll. Zool. Inst. Leningrad
50.	Oberlauf des Tschulyschman:		
	Fluß Karlasch	J	Folitarek u. Dementjew 1938
	Fluß Mejdugem	A	Folitarek u. Dementjew 1938
51.	Oberlauf des Kargy (= Kargu; Mongun-Tajga)	A	Januschewitsch 1952

52.	Paß Chundurgun	AB	Januschewitsch 1952
53.	Östl. Tannu-Ola-Gebirge:		
	Paß Ulug-art	AJc	Tugarinow 1916
		A	Coll. Zool. Inst. Leningrad
—	Nordhang des östl. Tannu-Ola-Gebirges	J	Lebedew 1980
54.	Oberlauf des Schangan (= Ulug-Schangan)	A	Coll. Zool. Inst. Leningrad
55.	Umgebung von Kyzyl (3. u. 4. IV., V.)		Januschewitsch 1952
56.	Umgebung von Naryn (Tuwa)	AB	Januschewitsch 1952
57.	Oberlauf des Bij-Chem	AB	Januschewitsch 1952
58.	Karlyganberg (= Karlygan-Gebirge)	A	Johansen 1955
59.	Berg Tschelpan (Kyzas)	A	Sushkin 1938; Coll. Zool. Inst. Leningrad
60.	Schabyn-Dabaga (= Sabyn-Daba)	Ba	Suschkin 1914
—	Taskyl-Gebirge	A	Zalesskij 1921
—	Paß Uluk-Art	Ja	Suschkin 1914; Coll. Zool. Inst. Leningrad
61.	Wasserscheide von Mantschshurek (= Mantschurek) und Ischkim	Ba	Suschkin 1914
62.	Borus-Gebirge	ABJ	Tugarinow 1915; Coll. Zool. Inst. Leningrad
63.	Aradan-Paß	AJs	Suschkin 1914
		A	Coll. Zool. Inst. Leningrad
64.	Birjusinskij-Gebirge	A	Coll. Zool. Inst. Leningrad
65.	Chamar-Daban-Gebirge S Kultuk	Js	Taczanowski 1872
66.	Fluß Temnik (SE vom See Taglej)	AJs	Izmajlow u. Borowickaja 1973
67.	Schara-Nur (= Schara-Nuru; Südufer des Chubsugul = Kosogol)	J	Coll. Zool. Inst. Leningrad
68.	Fluß Dshara (= Dshar; Westufer des Chubsugul)	A	Coll. Zool. Inst. Leningrad
69.	Quellen des Orchon:		Kozlowa 1930
	Paß Chalczan-daba	BJ	
	Paß Machan-daba	BAJ	
70.	Subur-chajrchan	BJ	Kozlowa 1930; Coll. Zool. Inst. Leningrad
71.	Tarbagataj-Gebirge: Oberlauf des Teksch; Chuchu-wajcin-gol, Tarbagataj-dundu-sala	BANJc	Kozlowa 1932; Coll. Zool. Inst. Leningrad
72.	Otchon-Tengri-Region:		Kozlowa 1932; Coll. Zool. Inst. Leningrad
	Umgebung des Chuchu-nor	BAc	
	Bombotu-Tal	BJs	
73.	Oberlauf des Bogdoin-gol (= Bogdyn-gol; S Uljasutaj)	ABc	Kozlowa 1932
—	Paß Chalczan-Chamyr	ABc	Kozlowa 1932
74.	Charchira-ul	J	Piechocki u. Bolod 1972
—	Czusylan	A	Coll. Zool. Inst. Leningrad
75.	Turgen-ul	AJ	Piechocki u. Bolod 1972; Coll. Zool. Inst. Leningrad
76.	Bulun-tochoi (Unterlauf des Urungu; 12. IV.)		Pleske 1889; Coll. Zool. Inst. Leningrad
77.	Talki-Paß	J	Coll. Zool. Inst. Leningrad
78.	Boro-choro-Gebirge	A	Coll. Zool. Inst. Leningrad
79.	Ci-jan-sjan (= Gutschen)	A	Coll. Zool. Inst. Leningrad
80.	Urumtschi	B ?	fide Cheng 1976
81.	Ulastaj	J	Coll. Zool. Inst. Leningrad
82.	Zusammenfluß von Köksu und Kensu	A	Ludlow u. Kinnear 1933
—	Oberes Köksu-Tal	J	Ludlow u. Kinnear 1933
—	Kensu-Tal	J	Ludlow u. Kinnear 1933
83.	Khane Yailak (20. IV.)		Ludlow u. Kinnear 1933
84.	Kaying Bashi	A	Ludlow u. Kinnear 1933

Anmerkung

Zu P. 4:

Januschewitsch et al. (1960) teilen nur mit, daß sie *Ph. erythronotus* zur Brutzeit im Tschatkal-Gebirge fanden, jedoch gibt es keinen Beleg. Gleichzeitig weisen Gawrilow u. Kowscharj (1972) darauf hin, daß die Art dort nicht brütet.

LITERATUR

Abdusalyamov 1973 — Fauna Tadjik SSR 29/2. Birds. Dushanbe. 279—280.

Ajupow 1978 — Migracii ptic w Azii. Taschkent. 166.

Ali u. Ripley 1973 — Handb. Birds India, Pakistan. Bombay—London—New York. 8, 249—250.

Bianchi 1907 — Aves exped. Kozlowi Mongol., Tibet orient. St.-Petersb. 72.

Biddulph 1881 — Ibis (4) 5, 62—63.

Blanford 1876 — Eastern Persia. London. 2, 167—169.

Borodichin 1968 — Pticy Alma-Aty. Alma-Ata. 65—66.

Buxton 1921 — J. Bombay Nat. Hist. Soc. 27, 846; 868.

Carruthers 1910 — Ibis (9) 4, 460.

Cheng 1976 — Distrib. List Chin. Birds. Peking. 553.

Christison 1941 — Ibis (14) 5, 541.

Dementjew et al. 1955 — Utsch. zap. Mosk. uniw. 171, Biol., 163.

Dolguschin 1951 — Izw. Akad. nauk. Kazach. SSR, ser. zool. 10, 113.

Folitarek u. Dementjew 1938 — Trav. réserve état Altai 1, 41—42.

Gawrilow u. Kowscharj 1972 — Ornitologija 10, 234—241.

Giscow et al. 1977 — Migracii ptic w Azii. Nowosibirsk. 217.

Isakow u. Worobjow 1940 — Trudy orn. zapow. Gasan-Kuli 1, 154.

Iwanow 1945 — Izw. Tadshik. fil. Akad. Nauk SSSR 6, 59.

Iwanow 1969 — Pticy Pamiro-Alaja. Leningrad. 271—272.

Izmajlow u. Borowickaja 1973 — Pticy jug.-zap. Zabajkalja. Wladimir. 156—157.

Januschewitsch 1952 — Fauna pozw. Tuwinsk. Obl. Nowosibirsk. 56.

Januschewitsch et al. 1960 — Pticy Kirgizii. Frunze. 2, 230—233.

JOHANSEN 1955 — J. Orn. 96, 63–64.
KINNEAR 1947 — Ibis 89, 668.
KORELOW 1956 — Proc. Inst. Zool. Acad. Sci. Kazakh SSR 6, 142–143.
KOWSCHARJ 1966 — Pticy Talassk. Alatau (Trudy zapow. Aksu-Dshabagly 3). Alma-Ata. 308–309.
KOWSCHARJ 1972 — Ornitologija 10, 344.
KOWSCHARJ 1979 — Pewtschie pticy w subwysokogorje Tjanj-Schanja. Alma-Ata. 122–134.
KOZLOWA 1930 — Pticy Zabajkalja, Sew. Mongolii i centr. Gobi. Leningrad. 266.
KOZLOWA 1932 — Pticy wysokogorn. Changaja. Leningrad. 81–82.
KUZJMINA 1945 — Izw. Akad. nauk Kazach. SSR, ser. Zool., 5, 67.
KUZJMINA 1970 — Pticy Kazachstana. Alma-Ata. 3, 584–591.
KUZNECOW 1962 — Ornitologija 5, 235–236.
KUZNECOW 1967 — Ornitologija 8, 266.
LEBEDEW 1980 — Migracii ptic w Azii. Duschanbe. 217.
LUDLOW u. KINNEAR 1933 — Ibis (13) 3, 457.
MEINERTZHAGEN 1920 — Ibis (11) 2, 166.
MEINERTZHAGEN 1927 — Ibis (12) 3, 584.
v. MIDDENDORFF 1853 — Sibir. Reise. St.-Petersb. 2/2, 175–177.
NEUFELDT et al. 1978 — Trudy Zool. Akad. Inst. Nauk SSSR 68, 244.
OUSTALET 1893 — Nouv. Arch. Mus. Hist. Nat. Paris (5) 4, 158–159.
PALUDAN 1959 — Vidensk. Medd. Dansk. nat hist. Foren. 122, 192.
PASSBURG 1959 — Ibis 101, 166.
PEK u. FEDJAKINA 1961 — Pticy Kirgizii. Frunze. 3, 110–111.
PIECHOCKI u. BOLOD 1972 — Mitt. Zool. Mus. Berlin 48, 122.
PLESKE 1889 — Wiss. Res. Przewalski Centr.- Asien. St.-Petersb. 2, 61–64.
PLESKE 1892 — Mélang. Biol. Bull. Acad. Sci. St.-Petersb. 8/2, 290–291.
PORTENKO 1961 — Trudy Inst. Zool. Akad. Nauk Kazach. SSR 15, 124.
RAND u. FLEMMING 1957 — Fieldiana: Zool. 41/1, 151.
RAWKIN 1973 — Pticy sew.-wost. Altaja. Nowosibirsk. 164–165.
RICHMOND 1896 — Proc. Unit. States Nat. Mus. 18/1083, 584.
RUZSKIJ 1946 — Trudy Tomsk. uniw., ser. biol., 97, 47.
SCHALOW 1908 — J. Orn. 56, 256.
SCHESTOPEROW 1929 — Bull. Soc. Nat. Moscou 38, 195.
SCHNITNIKOW 1949 — Pticy Semiretschja. Moskwa–Leningrad. 553–556.
SCHULPIN 1965 — Trudy zapow. Aksu-Dshabagly 2, 183.
SILLEM 1934 — Org. Club Nederl. Vogelk. 1, 33.
STEPANJAN 1959 — Utsch. zap. Moskow. ob. ped. inst. Krupskoj 71/4, 117–120.
STEPANJAN 1960 — Zool. Sh. 39, 940–942.
STEPANJAN 1970 — Utsch. zap. Mosk. gos. ped. inst. 394, 134.
STEPANJAN 1978 — Sostaw i raspred. ptic fauny SSSR. Passeriformes. Moskwa. 201.
STOLZMANN 1897 — Bull. Soc. Nat. Moscou 1, 54.
SUSCHKIN 1908 — Mat. Fauna Flora Ross. 7, 700.
SUSCHKIN 1914 — Mat. Fauna Flora Ross. 12, 368.
SUSHKIN 1938 — Birds Soviet Altai. Moskow–Leningrad. 210–212.
SWINHOE 1882 — Ibis (4) 6, 107.
TACZANOWSKI 1872 — J. Orn. 20, 362–363.
TICEHURST et al. 1922 — J. Bombay Nat. Hist. Soc. 28, 405.
TUGARINOW 1915 — Mess. Orn. 6, 60.
TUGARINOW 1916 — Mess. Orn. 7, 83.
VAURIE 1959 — Birds palearct. Fauna. Passeriformes. London. 361–362.
VAURIE 1972 — Tibet and its Birds. London. 284.
WELISHANIN 1929 — Uragus 4, 14.
WHISTLER 1922 — Ibis (11) 4, 291; 306–307.
WHISTLER 1926 — Ibis (12) 2, 552.
WHISTLER 1930 — Ibis (12) 6, 87.
WINOKUROW 1961 — Trudy Inst. zool. Akad. Nauk Kazach. SSR 15, 43.
ZALESSKIJ 1921 — Anz. Tomsk. Orn. Ver. 1, 258–259.
ZARUDNYJ 1888 — Orn. Fauna Orenburg. kraja. St.-Petersb. 45.
ZARUDNYJ 1896 — Mat. Fauna Flora Ross. 2, 72.
ZARUDNYJ 1900 — Eks. sew.-wost. Persii. St.-Petersb. 226.
ZARUDNYJ 1903 — Oiseaux Perse orient. St.-Petersb. 435–436.
ZARUDNYJ u. KOREJEW 1906 — Mat. Fauna Flora Ross. 7, 244.

mit Wolle, seltener aber mit Haaren oder feinen Würzelchen ausgelegt. Abweichend von dieser Norm existieren jeweils zwei Nester aus dem Transili-Alatau vollständig aus Moos gebaut, völlig ohne Moos, mit im Boden eingeflochtenen Federn (Gawrilow u. Kowscharj 1972).

Vom 1.—20. Mai beginnt im Tienschan die Mehrzahl der Weibchen mit der Eiablage. Geringe individuelle zeitliche Abweichungen können durch Witterungseinflüsse und Partneralter hervorgerufen werden.

Vom Transili-Alatau sind Zweitbruten aus der ersten Dekade Juni bekannt (Kowscharj 1979); von anderen Zweitbruten berichteten bereits Januschewitsch et al. (1960), Gawrilow u. Kowscharj (1972) für den Tienschan, Kozlowa (1932) für den Changaj. Im Norden des Areals, Altai, Tannu-Ola, Chamar-Daban, Changaj und Tarbagatai (Mongolei), fällt der Termin allgemein später, obwohl auch aus anderen Gegenden Gelege von Ende Juni und Juli vorliegen.

Ausführliche Angaben über die Brutzeit für den Tienschan bei Schestoperow (1929), Schnitnikow (1949), Korelow (1956), Stepanjan (1959, 1960), Januschewitsch et al. (1960), Winokurow (1961), Kuznecow (1962), Kowscharj (1972, 1979), Neufeldt et al. (1978); für den Altai bei Kuznecow (1967); für das Tannu-Ola-Gebirge bei Tugarinow (1916) und Lebedew (1980); für das Chamar-Daban-Gebirge bei Taczanowski (1872), Izmajlow u. Borowickaja (1973); für die Mongolei bei Kozlowa (1932), Piechocki u. Bolod (1972).

Das Vollgelege besteht aus 3—6, häufiger aus 4—5 Eiern (Kozlowa 1932, Korelow 1956, Stepanjan 1960, Januschewitsch et al. 1960, Winokurow 1961, Kuznecow 1967, Neufeldt et al. 1978, Kowscharj 1979). Die Eianzahl von Erst- und Zweitgelegen ist gleich, mitunter aber bei letzteren ein Ei mehr (Kowscharj 1979). Bekannt sind die seltenen Fälle von Drittbruten (4, 4, 5 Eier je Brut; Kowscharj l. c.) und der Aufzucht von *Cuculus canorus*-Jungen im Kirgisen-Gebirge (Portenko 1961).

Die Ernährung der Zügelrotschwänze richtet sich nach dem Angebot der jeweiligen Saison, also vorwiegend tierliche Nahrung (Insekten, Spinnen usw.) im Sommerhalbjahr, pflanzliche in den Wintermonaten. Bevorzugt werden von Alt- und Jungvögeln neben Käferlarven, Ameisen und Wanzen auch Schmetterlingsraupen (Januschewitsch et al. 1960, Pek u. Fedjakina 1961). Nestlingsfutter im Transili-Alatau setzte sich hauptsächlich aus Lepidopteren, Dipteren, Orthopteren und Spinnen sowie Schmetterlingsraupen zusammen (Kowscharj 1979). Selten beginnen die Adulten bereits im August, pflanzliche Kost, wie Samen und Wildfruchtbeeren beizumischen, um sich mit Herbstbeginn und im Winter hauptsächlich davon zu ernähren: Blaubeeren (Tugarinow 1916), Sanddorn, Hülsenfrüchte (Januschewitsch et al. 1960, Kowscharj 1966), Berberitzenbeeren (Schnitnikow 1949, Kuznecow 1962), im Winter vorzugsweise Sanddornbeeren und Berberitze, Hagebutten, als Ergänzung auch Knöterich- und Grassamen, *Bryonia-*, *Cotoneaster-*, *Crataegus-* und *Elaeagnus angustifolia*-Beeren (Pek u. Fedjakina 1961, Borodichin 1968, Iwanow 1945, 1969). Die Menge des pflanzlichen Nahrungsangebots und seine Erreichbarkeit ermöglichen es demnach den Vögeln, unweit ihrer Brutplätze (s. Kap. „Wanderungen“) die Wintersaison zu verbringen.

Wanderungen

Bedingt durch Witterungseinflüsse und das oben erwähnte notwendige Angebot an Winterfutter variieren die Überwinterungsgebiete von Jahr zu Jahr und selbst in den einzelnen Monaten. Die Vögel müssen deshalb nicht selten in recht weit vom Brutgebiet entfernt liegende Gegenden ziehen, um die für ihre Existenz notwendigen Bedingungen zu finden. Diese Bewegungen umfassen somit alle möglichen Varianten des Zuggeschehens, von typischen Wanderungen bis hin zu Höhenstreifereien.

1. Im Norden des Verbreitungsgebietes hat sich bei *Ph. erythronotus* echtes Zugverhalten ausgeprägt. Im Frühjahr erscheinen die Vögel im Altai in der zweiten Märzhälfte; ab Ende August bis zur zweiten Septemberhälfte streben sie aus den Hochgebirgen in tiefere Lagen. Letzte Beobachtungen dort am 20. 10. (Sushkin 1938), im Süd-Altai (Katon-Karagai) bis 27. September, am Markakol Anfang Oktober (Kuzjmina 1970); in der Tuwa-Ebene Ende März (Lebedew 1980); Abzug aus dem Ubsu-Nur-Gebiet nicht vor dem 2. Oktober (Coll. Zool. Inst. Leningrad). — Mongolischer Altai (Dajan-Nur) am 3. Oktober (Coll. Zool. Inst. Leningrad), im Changaj Anfang September (Kozlowa 1932). Durchzug im Saur-Gebirge vom 14. März bis Anfang Mai; Wegzug in der Umgebung des Zajsan-nor während des ganzen Oktober (Kuzjmina 1970). Deutlicher Herbstzug im September am Urungu, im September und Oktober im Dshair-Gebirge (Pleske 1889). Detaillierte Angaben zu den Wanderungen innerhalb der Sowjetunion bei Schnitnikow (1949), Korelow (1956), Januschewitsch et al. (1960), Kuznecow (1962), Borodichin (1968), Kowscharj (1979).
   Im Ost-Tienschan (Sinkiang) in den Vorbergen des Boro-choro-Gebirges: 14. September am Manas (Coll. Zool. Inst. Leningrad); Umgebung von Kuldsha 10.—13. August, 27. September (Schestoperow 1929; Coll. Zool. Inst Leningrad) an den Südhängen des Ost-Tienschan, Chabcagaj-gol und Balganaj-gol in der ersten Oktober-Hälfte (Pleske 1889).) Bei Turfan am 5., 17., 25. Oktober, 19. November (Pleske 1892, Coll. Zool. Inst. Leningrad). Kaschgarien: Überwinternde in den Oasen Aksu (Pleske 1889, Richmond 1896) und Utschturfan (Pleske 1889) sowie bei Kaschgar am 22. Februar (Coll. Zool. Inst. Leningrad), 19. November, 31. Dezember, 12. und 31. Januar (Ludlow u. Kinnear 1933).
2. Im südlicher gelegenen Dsungarischen Alatau ist *Ph. erythronotus* im Herbst hauptsächlich Durchzügler; mitunter verweilt ein Teil der Vögel in den vorgelagerten Bergen bis zum Einsetzen von Schneefällen und Frösten (bei Kapal bis zum ersten November-Drittel; Schnitnikow 1949), während einige am Alakol (E des Balchasch-Sees) noch im Dezember gefunden wurden (Coll. Zool. Inst. Leningrad).

In den Vorbergen des Dshungarischen Alatau (KUZJMINA 1945, 1970, SCHESTOPEROW 1929) erscheinen sie im Herbst ab erstem September-Drittel bis Mitte Dezember (bei Panfilow einige offenbar überwinternde Männchen; ZARUDNYJ u. KOREJEW 1906), auf dem Frühjahrsrückflug die frühesten Beobachtungen vom 28. Februar bei Panfilow, im allgemeinen aber zwischen dem 10. März und spätestens Mitte April; Männchen am 1. April mancherorts bereits an den Brutplätzen an der oberen Fichtenwaldgrenze (SCHNITNIKOW 1949, KUZJMINA 1970).

3. Im Tienschan-System, das den größten Teil des Verbreitungsgebietes einnimmt, vollführt a) ein Teil der Population typische Vertikalstreifereien und überschreitet dabei nicht die Grenzen des Areals. b) Ein anderer Teil unternimmt unbedeutende Horizontalverschiebungen in die Vorberge und Bergtäler an der Peripherie des Sommerterritoriums: Die Ebenen Mittelasiens südlich vom Fluß Ili, im Westen bis zu den Vorbergen des Kugitang (CARRUTHERS 1910, SCHNITNIKOW 1949, DOLGUSCHIN 1951, KORELOW 1956, SCHULPIN 1965, KOWSCHARJ 1966, IWANOW 1969, KUZJMINA 1970, STEPANJAN 1970, ABDUSALYAMOV 1973, GISCOW et al. 1977, AJUPOW 1978, Coll. Zool. Inst. Leningrad) und Tarim-Becken in Kaschgarien, im Süden bis zu den nördlichen Vorbergen des Kuen-Lun, im Osten bis zu den Vorbergen Karlyktag, bei Chami (PLESKE 1889, OUSTALET 1893, SCHALOW 1908, LUDLOW u. KINNEAR 1933, SILLEM 1934, Coll. Zool. Inst. Leningrad). c) Der übrige Teil vollführt teilweise recht bemerkenswerte echte Wanderungen in weit vom Brutgebiet entfernt liegende Winterquartiere. So erreichen sie z. B. Süd-Turkmenien bis zum westlichen Kopetdag (DEMENTJEW et al. 1955, IWANOW 1969), das Südostufer des Kaspischen Meeres und selten das benachbarte Aserbaidshan (ISAKOW u. WOROBJOW 1940, ZARUDNYJ 1896), ebenso den nördlichen Iran (PASSBURG 1959) mit Teheran (KINNEAR 1947); Asadabad, Hamadan, Qazvin (BUXTON 1921); Shiraz (September, November, Dezember); Khisht (Bushire) am Persischen Golf (BLANFORD 1876) und auf dem Zug den Ost-Iran (ZARUDNYJ 1900, 1903); zuweilen auch den Iraq (Amara am 31. 12. und 11. 3.; TICEHURST et al. 1922).

Afghanistan wird in den nördlichen und zentralen Gebieten im Oktober und März überflogen; im Süden des Landes Überwinterer am 22. Februar bei Farah (PALUDAN 1959), im Dezember und Januar bei Kandahar (SWINHOE 1882), ebenso in den Ebenen und Gebirgen des nördlichen Pakistan. — Die in Beludschistan gelegenen Gebiete Chagai, Kaisar und Nushki werden von Anfang November bis Mitte März (die letzten Beobachtungen vom 18. März; CHRISTISON 1941) aufgesucht; auch bemerkt im Winter bei Quetta (SWINHOE 1882, MEINERTZHAGEN 1920). Aus dem West-Punjab liegen Beobachtungen aus Dera Ghazi Khan (ALI u. RIPLEY 1973) und dem Jhang-District (WHISTLER 1922) vor, aus Rawal Pindi (zwischen 31. Januar und 24. März), Murree (21. November bei 2135 m, 12. Januar bis 30. März; WHISTLER 1930). — Nordwest-Frontier-Provinz: Oberlauf des Chitral im November (BIDDULPH 1881). — Nordwest-Indien: Im Hunza-Tal am 29. Oktober auf dem Zug (LUDLOW u. KINNEAR 1933). — Baltistan: Shigar am 16. Januar (VAURIE 1972). — West-Himalaya: Überwinterung im Kashmir-Tal (ALI u. RIPLEY 1973, MEINERTZHAGEN 1927), Kashmir 1. März, Gilgit November und Januar (BIDDULPH 1881); Kangra-District am 10. und 11. März (WHISTLER 1926); Simla (ALI u. RIPLEY 1973); Nepal, östlich bis Jomosom in 2804 m Höhe (RAND u. FLEMING 1957). „Affects arid country-waste land, scrub jungle, olive groves, orchards, dry river-beds, wooded compounds, and avenues and groves of *Acacia*, *Prosopis* and Suchline trees" (ALI u. RIPLEY 1973). Die in der Sowjetunion liegenden Winterquartiere ähneln im wesentlichen den für Indien beschriebenen.

Im Frühjahr treffen zuerst die Männchen wieder im Brutgebiet ein, nach ungefähr einer Woche folgen die Weibchen nach; der herbstliche Rückflug geschieht in umgekehrter Reihenfolge, wobei die Männchen mitunter bis zu einem Monat länger als die Weibchen ausharren.

Verflogene Exemplare: Abweichungen von den üblichen Zugrouten sind bekannt aus der Barnaul-Steppe (1 ad. Weibchen am 6. November 1927; WELISHANIN 1929); zwischen dem Tschany-See und Karatschi am 29. August 1937 ein Männchen (RUZSKIJ 1946), am 22. Oktober 1881 ein ad. Männchen zwischen einem Trupp *Ph. phoenicurus* in einem Wäldchen am Ural-Fluß, ein weiteres am 15. Oktober 1888 bei Blagoslowenka (beide Lokalitäten bei Orenburg; ZARUDNYJ 1888, SUSCHKIN 1908); ein Exemplar aus der Umgebung des Dorfes Udskij-Ostrog (= Udskoje) am Ufer des Ochotskischen Meeres (v. MIDDENDORFF 1853).

XI

1983

Phoenicurus alaschanicus (Przewalski)

bearbeitet von

I. A. NEUFELDT u. E. v. VIETINGHOFF-SCHEEL

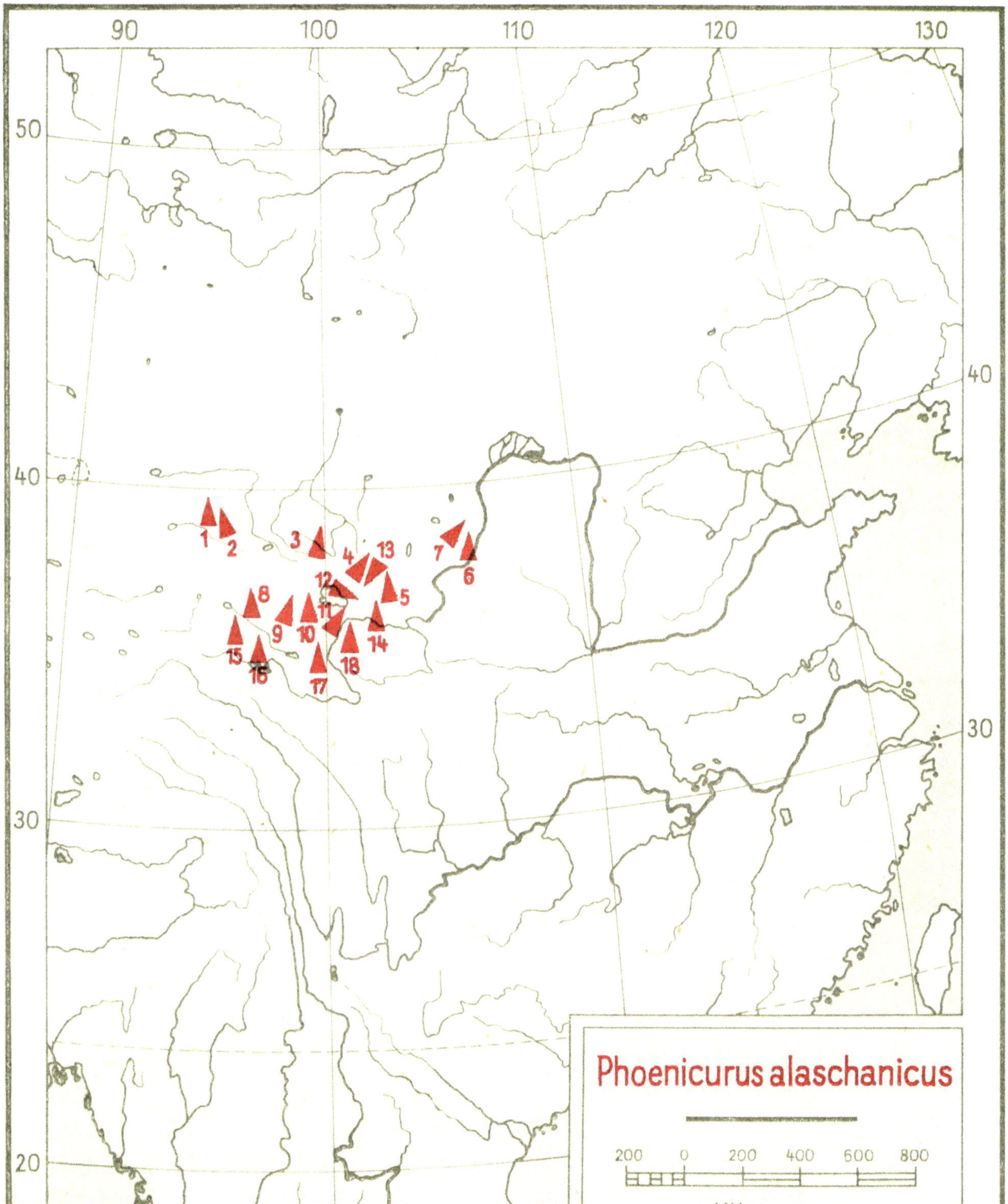
Phoenicurus alaschanicus
200 0 200 400 600 800
Kilometer
90
100
110
120
130
50
40
30
20
1
2
3
4
5
6
7
8
9
10
11
12
13
14
15
16
17
18

FUNDORTLISTE

Nr.	Fundort		Quelle
1.	Quelle Blagodatnyj (= Kuku-usu)	A	Coll. Zool. Inst. Leningrad
2.	Südhang des Humboldt-Gebirges	A	fide Vaurie 1972
3.	Matisse	A	Pleske 1892; Coll. Zool. Inst. Leningrad
4.	Da-tsin-kou-Schlucht	AB ?	Stresemann et al. 1937
5.	Gulanj-sjanj (=Gulan; 5. II.)		Bianchi 1907
6.	NW Ninghsia (Osthang des Zentral-Alaschan)	A	Riley 1930
7.	Westhang des Zentral-Alaschan bei Dyn-juan-in	A	Coll. Zool. Inst. Leningrad
		B	Prshewalskij 1876
—	Schlucht Chotyn-gol	A	Coll. Zool. Inst. Leningrad
—	Schlucht Jamata	A	Bianchi 1915
—	Suburgan-Gol	A	Coll. Zool. Inst. Leningrad
8.	Kurlyk-Zaidam (7. IX.)	J	Pleske 1889; Coll. Zool. Inst. Leningrad
9.	Dulan-gol (Süd-Kuku-nor-Gebirge)	A	Bianchi 1907; Coll. Zool. Inst. Leningrad
10.	Süd-Kuku-nor-Gebirge (E Dulanjschi)	A	Coll. Zool. Inst. Leningrad
11.	Ostausläufer des Süd-Kuku-nor-Gebirges (SE-Ufer des Kuku-nor; 3. IX.)		Bianchi 1907; Coll. Zool. Inst. Leningrad
12.	Umgebung von Donkyr (III.)		Pleske 1889; Coll. Zool. Inst. Leningrad
13.	Süd-Tetung-Berge: Lau-hu-kou (25. X. — 15. II.) Komandse (17. I.) Be-tschuän-ho (12. XI.) Han-ho-siae (16. XI.) Lassa (11. u. 12. X.)		Stresemann et al. 1937
14.	Unterlauf des Tetung-gol (Tschortentan)	A	Pleske 1889, Bianchi 1907; Coll. Zool. Inst. Leningrad
—	Fluß Schi-ku (= Sining-ho = Schi-cho)	A	Coll. Zool. Inst. Leningrad
15.	Namochun-gol (= Namchongol; 29. IX.)		Pleske 1889; Coll. Zool. Inst. Leningrad
16.	Chatu-Schlucht (Nordhang des östl. Burchan-Budda-Gebirges)	J	Bianchi 1907
17.	Sjan-si-bej-Gebirge	B	Pleske 1889
—	Fluß Baga-gorgi (= Bago-gartschi-ho = Chasora River)	A	Coll. Zool. Inst. Leningrad
18.	Guj-Duj (= Guj-de-tin = Gujde; 16.—19. X., 9. XI.)		Bianchi 1915; Coll. Zool. Inst. Leningrad
	(= ? Kung-ho-ku-chin, nach Koordinaten aus Vaurie 1972)	A	Vaurie 1972

Anmerkung

zu P. 13:

Da Beick in diesem Gebiet *Ph. alaschanicus* nur zwischen Oktober und Februar erlegte, spricht er von „Wintergästen". Doch besteht aller Grund anzunehmen, daß der Vogel in diesem für ihn typischen Biotop in der oberen Bergregion auch brütet.

LITERATUR

Bianchi 1907 — Aves Exped. Kozlowi Mongol., Tibet orient. St.-Petersb. 71—72.

Bianchi 1915 — Ann. Mus. Zool. St.-Petersb. 20, 47.

Cheng 1976 — Distrib. List Chin. Birds. Peking. 552—553.

Hartert 1910 — Vögel paläarkt. Fauna. Berlin. 1, 728.

Pleske 1889 — Wiss. Res. Przewalski Centr.-Asien. Zool., 2 (Vögel). St.-Petersb. 61—64.

Pleske 1892 — Mélang. Biol. Bull. Acad. Sci. St.-Petersb. 13/2, 291.

Prshewalskij 1876 — Mongolei u. Land Tanguten. St.-Petersb. 2, 40—41.

Riley 1930 — Proceed. Unit. States Nat. Mus. 77/15, 27.

Ripley 1964 — Check-List Birds World. Cambridge-Mass. 10, 74.

Stresemann et al. 1937 — J. Orn. 85, 557—558.

Vaurie 1959 — Birds palearct. Fauna. Passeriformes. London. 361.

Vaurie 1972 — Tibet and its Birds. London. 284.

Phoenicurus alaschanicus (Przewalski)

Rostkehlrotschwanz

Verwandtschaft

Offensichtlich besteht eine nahe Verwandtschaft zu *Ph. erythronotus* (Eversmann), so daß, wie von den meisten Spezialisten hervorgehoben wird, die sich gut unterscheidenden *Ph. erythronotus* und *alaschanicus* jeweils Artrang erreicht haben könnten (PLESKE 1889, BIANCHI 1907, RIPLEY 1964, VAURIE 1972, CHENG 1976). Tatsache ist, daß HARTERT (1910) *alaschanicus* den Rang einer selbständigen Art zuerkannt hat und die Annahme vertrat, sich auf *erythronotus* beziehend, *alaschanicus* „... wäre als Subspezies letzterer anzusehen." — STRESEMANN et al. (1937) und VAURIE (1959) übernahmen diese Meinung später mit dem Hinweis, *alaschanicus* sei tatsächlich eine sehr abweichende Unterart („moderately well-differentiated subspecies" (VAURIE 1959). Obwohl wesentliche äußere morphologische Unterschiede bei beiden allopatrischen Formen vorliegen, ist die Frage über die taxonomische Stellung wegen der bislang schlecht erforschten Biologie von *alaschanicus* noch nicht zu entscheiden. Wir übernehmen die Meinung VAURIES (1972), *Ph. alaschanicus* als „superspecies" von *Ph. erythronotus* zu behandeln.

Zur Verbreitung

Das Verbreitungsgebiet ist auf das gebirgige Nordwest-China (südliche Provinz Ninghsia, Nordwest-Ganssu und Nordost-Tsing-hai) beschränkt. Es existiert anscheinend 1. ein isoliertes Vorkommen im Zentral-Alaschan, 2. in den den Kuku-nor umgebenden Bergen, wie dem System des Nan-Schan (Süd-Tetung-Gebirge, Malinschan, Richthofen-, Humboldt-, Süd-Kuku-nor-, Semenow-Gebirge) und den äußersten westlichen Ausläufern des Tsin-ling und 3. in den Bergen, die den Zaidam-Kessel umgeben: Die Ostausläufer des Altyntag, Kurlyk-Daban, Kuen-Lun (Burchan-Budda).

Spezialkarte der Verbreitung bei CHENG (1976).

Oekologie

Die Nachrichten über die oekologischen Verhältnisse sind äußerst gering und fragmentarisch, so daß es ausgesprochen schwer ist, eine gewisse Vorstellung von allen Lebensgewohnheiten (das Nest wurde bislang noch nicht beschrieben) zu gewinnen. Deshalb beschränken wir uns auf angeführte Zitate und Angaben, die auf den Etiketten der Sammlungsexemplare verzeichnet sind. Bei der Zitierung alter russischer Arbeiten bedeuten die in Klammern stehenden Daten die Übertragung in die neue Zeitrechnung.

Westhang des Zentral-Alaschan, bei Bajan Choto: „Brütet in Wäldern und Gesträuch des oberen Berggürtels. Der Abflug im Herbst erfolgt im Oktober" (PRSHEWALSKIJ 1876).

Nanj-Schanj, Gebirge Malinschanj (bei Gulan) und Süd-Kukunor-Gebirge: „Zum ersten Mal erlegt Ende Januar (5. II.) am Oberlauf eines Flüßchens, das die Oase Gulanj-sjanj speist" (in 2016 m Höhe; Coll. Exempl.). „Es hielt sich in der Flußebene auf an Sträuchern und an Berghängen, die mit Strauchwerk bedeckt waren. Im Süd-Kuku-nor-Gebirge waren sie sehr gewöhnlich; in die Dulan-gol-Ebene stiegen sie im April wegen eines Schneesturms hinab" (BIANCHI 1907, aus dem Tagebuch P. K. KOZLOWS. Coll. Exempl. vom Gebiet Dulan-gol vom 18.—19. IV., V.; 3050 m).

Nanj-Schanj, Süd-Tetung-Gebirge (bei Chuanjjuanj) und Semenow-Gebirge: „Anfang März (Mitte III.) 1880 traf PRZEWALSKI diesen Rotschwanz in den Alpenregionen des Randgebirges in der Nähe der Stadt Donkyr, wo der Vogel vielleicht teilweise überwintert. Im Gebirge Sjan-si-bei, im oberen Laufe des Chuanche, nistet die Art. Die Vorzügler wurden in Ganssu am 7. März (19. III.) 1884 bemerkt und später, im zweiten Drittel desselben Monats (Anfang IV.) in geringer Anzahl im Gebirge westlich vom Dorfe Bamba, sowie im südlichen Kuku-nor-Gebirge, nachgewiesen. Auf dem Zuge hielten sich die Vögel im Gebüsch der *Nitraria Schoberi* (PLESKE 1889, aus dem Tagebuch N. M. PRZEWALSKIS).

Nan-Schanj, Süd-Tetung-Gebirge, im Norden von Sin-tien: „Einzelne Vorläufer erschienen bei Lassa 1928 am 4., 16., 17. Oktober. Am 12. Oktober war *Ph. alaschanicus* dort bei 2700 m in den Dickichten von *Berberis*- und *Hippophaë*-Sträuchern, die in jenem Jahr viel Beeren angesetzt hatten, die häufigste *Phoenicurus*-Art, häufiger als *erythrogaster* und *schisticeps*. Einzelne oder kleine Gesellschaften ließen sich dann im November, Dezember und Januar an beerentragenden Sträuchern bei Lau-hu-kou, Hung-ho-siae und Komandse fast in jedem Winter sehen. Letzte Feststellung 1930: 10. Febr. Koman-dse, 15. Febr. Schlucht bei Lau-hu-kou" (STRESEMANN et al. 1937, aus dem Tagebuch W. BEICKS).

Im Süden von Shensi, im Grenzgebiet zwischen Shansi und Hopei, in der Umgebung von Peking und östlich davon gelegentlich im Winter gesehen (CHENG 1977).

XI

1983

Phoenicurus caeruleocephalus Vigors

bearbeitet von

I. A. NEUFELDT u. E. v. VIETINGHOFF-SCHEEL

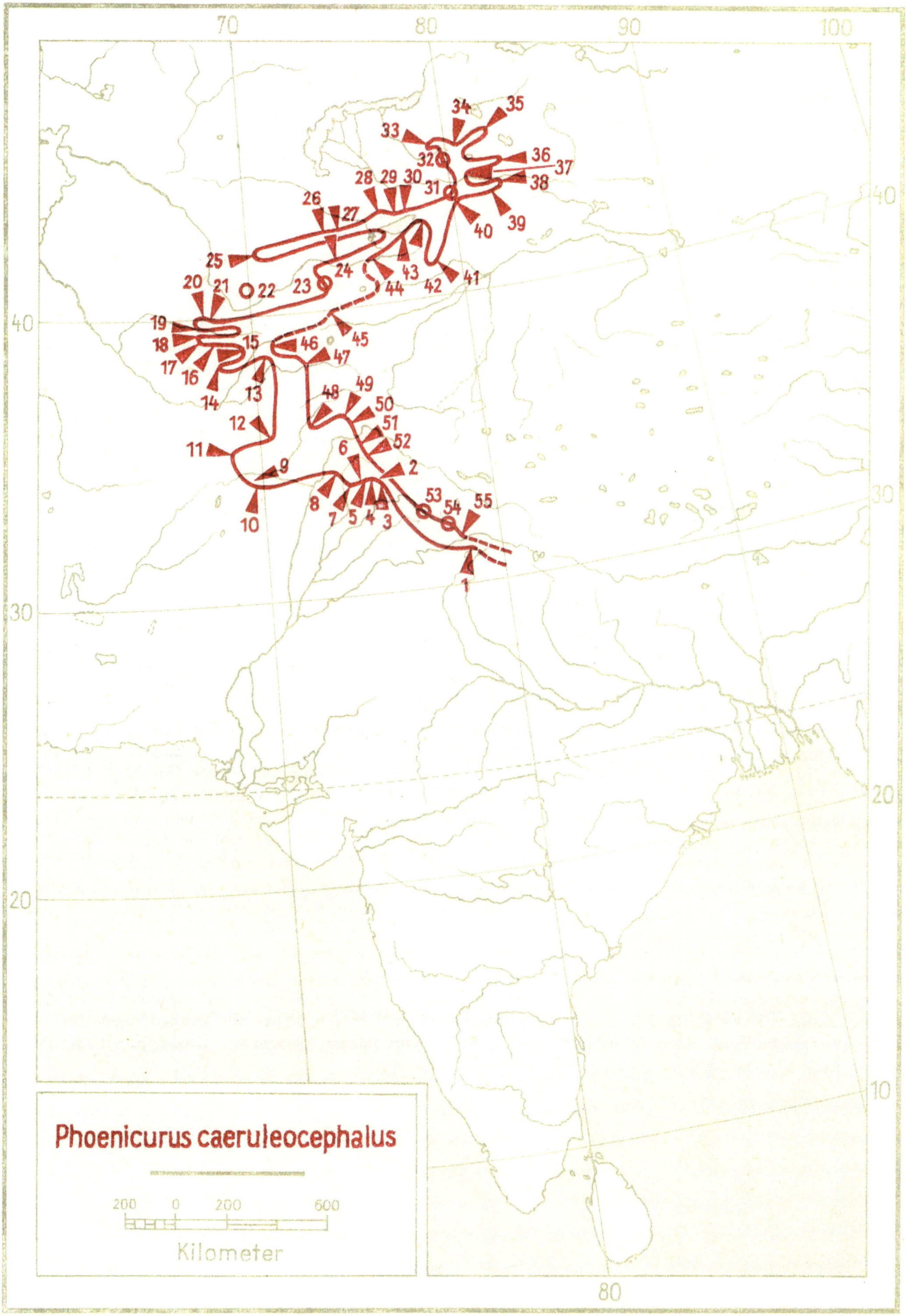
Phoenicurus caeruleocephalus
200 0 200 600
Kilometer

In den Sommermonaten ernähren sich die Alt- und Jungvögel von den unterschiedlichsten Insekten (hauptsächlich Lepidopteren, Dipteren, Orthopteren, Coleopteren), von Ende Juni und im Juli mitunter aber auch schon von Beeren oder Samen von Buchweizen, Umbelliferen und Leguminosen. In den Herbstmonaten gewinnt jedoch die Beerennahrung an Bedeutung, so daß an Orten mit gutem Heckenkirschenangebot ausgesprochene Vogelkonzentrationen zu beobachten waren, wie z.B. im Transili-Alatau (Kowscharj u. Lewin 1975). Ausführliche Beschreibung der Futterzusammensetzung bei Pek u. Fedjakina (1961) und Kowscharj (1966, 1979).

Wanderungen

Die Überwinterungsorte der auf dem Territorium der UdSSR brütenden Vögel sind nicht bekannt. Obwohl die Art als seßhaft gilt und nur Vertikalwanderungen ausführen soll, steht heute jedoch fest, daß *Phoenicurus caeruleocephalus* im Winter nicht in Tadshikistan (Abdusalyamov 1973), im Talasskij-Alatau (Schulpin 1965, Kowscharj 1966), und im Transili-Alatau (Kowscharj u. Lewin 1975) vorkommt. Auch aus anderen Teilen des Tienschan und Pamiro-Alai sind keine Angaben vom Überwintern bekannt, aber dennoch kommen in einzelnen Gebieten, besonders in Tadshikistan (Serawschan-, Schurobdara-, Kafirnigan-, Warsob-Tal, im gesamten Badachschan bis 4000 m; Abdusalyamov 1973) deutliche Wanderungen vor.

Frühjahrszug: Talasskij-Alatau von März/April bis Mai (Kowscharj 1966); bei Duschanbe am 23. März, während des ganzen April, am 5. und 6. Mai die Letzten (Abdusalyamov 1973); in den Vorbergen des Transili-Alatau bei Alma-Ata die Ersten vom 2.—9. April (Schnitnikow 1949, Kuzjmina 1970, Kowscharj u. Lewin 1975). Bei plötzlichem Schneefall und Temperaturrückgang im Frühjahr sind die Vögel in Massen in den Gärten und Parks von Alma-Ata anzutreffen, wo sie nicht selten vor Hunger umkommen, wie das vom 11.—13. April 1955 beobachtet wurde (Borodichin 1968). An den Brutplätzen erscheinen die ersten Männchen gewöhnlich Mitte April (Abdusalyamov 1973, Iwanow 1969, Kowscharj u. Lewin 1975), die Weibchen ungefähr eine Woche später.

Herbstzug: Die Männchen und Jungvögel verlassen eher als die Weibchen ihre Brutplätze (Abdusalyamov 1973). Die umherstreifenden Jungen erscheinen bereits im August in den niedriger gelegenen Laubwaldstreifen und Gärten der Vorgebirge, doch hielten einige auch noch bis zum einsetzenden Schneefall an ihren Brutplätzen aus (Kuzjmina 1970). Im Transili-Alatau waren die Vögel bis zum 13. September (Kowscharj u. Lewin 1975), 1962 sogar noch am 2. Oktober zu beobachten (Kuzjmina 1970). Aus Tadshikistan sind sie bereits Anfang Oktober abgeflogen (Abdusalyamov 1973).

In den Vorbergen des Transili-Alatau sind nach Zarudnyj u. Korejew (1906) die Durchzügler im September/Oktober und in den Gärten von Alma-Ata noch am 3. November zu sehen gewesen. Im Talasskij-Alatau verzeichnete Schulpin (1965) den Zug vom 8.—29. September, Kowscharj (1970) von September bis Ende Oktober. Im Ugam-Gebirge war ein gut ausgeprägter Zug vom 17.—18. Oktober zu bemerken (Kuzjmina 1970), in Tadshikistan von Mitte September bis zur ersten Oktober-Dekade (Abdusalamow 1973).

Über Zugverhalten und Winteraufenthalte von *Phoenicurus caeruleocephalus* im Gebiet außerhalb der Sowjetunion sind uns nur wenige Angaben bekannt. Aus Gusalek und Wama (Peck-Tal, Nuristan) liegen Zugdaten vom 19. März bis 14. April vor (Paludan 1959). Von der ersten November-Woche bis Ende März hielten sich Wintergäste bei Samana in Strauchdickicht, von Dezember bis Mitte März in Olivenhainen und Gärten des Kohat-Bezirks auf (Whitehead 1909). Ein am 12. September in Ak-su bemerkter Jungvogel (Schalow 1908) hatte sich wahrscheinlich nur vorübergehend in die günstige Lage der südlichen Tien-schan-Vorberge zurückgezogen, während sich ein Einzelvogel von Anfang September aus der Umgebung von Gulmarg (Pir Panjal) offenbar schon auf dem Herbstzug befand (Gauntlett 1972). Nur eine Winterbeobachtung ist aus Kashmir bekannt vom 27. Februar bei Domel (Murree-Srinagar-Strecke) aus 780 m Höhe; häufig bemerkt wurden Blaukopfrotschwänze bei Naini Tal zwischen 2340 und 2580 m im Februar (Meinertzhagen 1927). — Für das Sikkim-Nepal-Grenzgebiet liegt ein Nachweis vom Februar aus 3450 m Höhe vor (Stevens 1925). — Im Nepal-Himalaya gelangen sehr selten Nachweise dieser Vögel, obwohl sie alljährlich als Wintergäste verzeichnet werden konnten: 22. November bei Thaksang, 28. November bei Dambush Khola (Tukche), 26. November bei Tukche, 1. Dezember auf einer Sanddorn-Insel im Schotterbett des Kali Gandaki (Nabrikot), 2. Dezember im gleichen Biotop im Taglung Khola-Tal (Martens 1971). Nach Rand u. Fleming (1957) ist der Blaukopfrotschwanz im Winter in Nepal eine häufige Vogelart in Höhen von ca. 1350—1950 m: Barmdeo Mandi, Butwal, Tansen (Januar), Riri Bazaar (November), Ghasa, Sun Kosi (Dezember), ebenso von Ende Oktober bis März in den Simla-Bergen (Jones 1919).

FUNDORTLISTE

1.	Oberlauf d. Bhagirati	Aa	Brooks 1875
—	Nila-Tal (Garhwal)	N	Whymper 1911
2.	Suknes (Wardwan-Tal)	N	Bates u. Lowther 1952
3.	Margan-Paß	A	Bates u. Lowther 1952
4.	Sind-Tal	A	Hendersen u. Hume 1873
5.	Surphrar Nullah (Sind-Tal)	J	Bates u. Lowther 1952
6.	Gupkar (Srinagar; 20., 29. IV.)		Whistler 1922
7.	Punch	A	Hendersen u. Hume 1873
8.	Umgebung von Murree	AN	Baker 1933
9.	Safed Koh	N	Whitehead 1909
—	Peiwar-Range	J	Wardlaw-Ramsay 1880
—	Hariab-District	NJc	Wardlaw-Ramsay 1880
10.	Byan Kheyl	B	Wardlaw-Ramsay 1879
11.	Salang Paß	A	Madge 1978
12.	Pashki	ABNc	Paludan 1959
13.	SW-Teil d. Darwaz-Gebirges (Saryband)	A	Iwanow 1969
14.	Aktau: Chodshan Bechob	J	Abdusalyamov 1973
15.	Karategin-Gebirge	B	Popow 1959
16.	Kara-Kul	J	Pleske 1888; Coll. Zool. Inst. Leningrad
—	Iskander-Kul	J	Coll. Zool. Inst. Leningrad
—	Kwak	J	Coll. Zool. Inst. Leningrad
17.	Marguzorskije-See (Marguzor)	B	Abdusalyamov 1973
—	Nordhang d. westl. Hissar-Gebirges	ABN	Carruthers 1910
18.	Fluß Magijan	B	Abdusalyamov 1973
19.	Kulikalan (= Kulikalon)	A	Pleske 1888; Coll. Zool. Inst. Leningrad
		B	Iwanow 1969, Abdusalyamov 1973
—	Zebon	B	Abdusalyamov 1973
20.	Oberlauf d. Sanzar	B	Iwanow 1969
21.	Saamin (Urjukle-tau)	AN	Pleske 1888; Coll. Zool. Inst. Leningrad
—	Nordhang d. Turkestan-Gebirges (Chodshan-Dug, Schachristan, Kumbel-Saj)	BNJ	Iwanow 1969, Abdusalyamov 1973; Coll. Zool. Inst. Leningrad
22.	Kuramin-Gebirge: Karaul-Chon Nodak-Saj	B	Abdusalyamov 1973
23.	Fergana-Gebirge	B	Januschewitsch et al. 1960
24.	Tschamandy (= Tschemandy)	B	Schnitnikow 1949
		J	Coll. Zool. Inst. Leningrad
25.	Oberlauf des Baldabrek (Aksu-Dshabagly-Schutzgebiet)	B	Schewtschenko 1948, Kowscharj 1966
		N	Kowscharj u. Lewin 1975
26.	Fluß Sokuluk	AJ	Kuznecow 1962
—	Fluß Tulun	J	Coll. Zool. Inst. Leningrad
27.	Fluß Issykata	AB	Spangenberg u. Sudilowskaja 1959, Kuznecow 1962
28.	Oberlauf des Kaskelen	J	Coll. Zool. Inst. Leningrad
—	Bolschoje Almatinskoje-See (= Großer Almatinka-See)	ABNJc	Kuzjmina 1970, Kowscharj u. Lewin 1975, Neufeldt et al. 1978
—	Gorelnik	J	Coll. Zool. Inst. Leningrad
29.	Issyk-See (Oberlauf d. Issyk)	N	Kuzjmina 1970
30.	Kulsaj-Schlucht (Nordhang d. östl. Kungej-Alatau)	NJ	Kowscharj 1972
31.	Ketmenj-Gebirge	N	Korelow 1956
32.	Gebiet N Panfilow: Oberlauf d. Usek	N	Schestoperow 1929
	Andshelaw-Schlucht	J	Coll. Zool. Inst. Leningrad
	Burchan-Schlucht	J	Coll. Zool. Inst. Leningrad
	Dshalanaschskaja (= Dshalanasch)	BJ	Schnitnikow 1949
		J	Coll. Zool. Inst. Leningrad
—	Tyschkantau	J	Zarudnyj u. Korejew 1906
33.	Fluß Kora (b. Kopal)	BJ	Schnitnikow 1949
		J	Coll. Zool. Inst. Leningrad
34.	Bolschoj Baskan	N	Kuzjmina 1970
35.	Dshungarskie worota (= Dshungarische Pforte)	B	Kuzjmina 1970
36.	Bogus-Zuslun (= Bogus-usslun)	A	Pleske 1892; Coll. Zool. Inst. Leningrad
37.	Manjtu-ulik (= Manjtu-uluk)	J	Coll. Zool. Inst. Leningrad
38.	Canma (= Cagma)	J	Coll. Zool. Inst. Leningrad
39.	Fluß Kapsalan (= Kapsalan-su)	A	Coll. Zool. Inst. Leningrad
40.	Flüsse Tekes u. Kokshar (Umgebung von Narynkol)	N	Winokurow 1961
41.	Tus-su	A	Sudilowskaja 1936; Coll. Zool. Inst. Leningrad
42.	Sart-Dshal (SE Przewalsk)	J	Schnitnikow 1949; Coll. Zool. Inst. Leningrad
—	Teploklutschenka	J	Coll. Zool. Inst. Leningrad
43.	Terskej-Alatau (E Bugumujuz)	JN	Stepanjan 1959
44.	Naryn-Tau (nahe der Stadt Naryn)	A	Coll. Zool. Inst. Leningrad
45.	Tartkul (Ostteil d. nördl. Alai-Hanges)	B	Iwanow 1969
46.	Nördl. Peter I.-Gebirge	B	Popow 1959
—	Sangwor	J	Zarudnyj 1926
—	Oberlauf des Obichingou	A	Iwanow 1969
—	Wantsch-Ebene, Gudshowest	B	Abdusalyamov 1973
47.	Oberlauf des Bartang	J	Abdusalyamov 1973
48.	Chitral: Kaogol	Nc	Perreau 1910
49.	Hunza	B	Ripley 1961
50.	Gilgit	B	Biddulph 1881
51.	Astor	B	Ripley 1961
			Scully 1881
52.	Pangi	Bc	Stoliczka 1868
53.	Lahul	A	Stoliczka 1868
		N	Baker 1933
54.	Spiti	Ac	Stoliczka 1868
55.	Chini	Bc	Stoliczka 1868

LITERATUR

ABDUSALYAMOV 1973 Fauna Tadjik SSR 29/2. Birds. Dushanbe. 285–289.

ALI u. RIPLEY 1973 Handb. Birds India, Pakistan. Bombay–London–New York. 8, 251–253.

BAKER 1933 Nidif. Birds Indian Empire. London. 2, 89–90.

BATES u. LOWTHER 1952 Breeding Birds Kashmir. London. 79–81.

BIDDULPH 1881 Ibis (4) 5, 64.

BORODICHIN 1968 Pticy Alma-Aty. Alma-Ata. 66.

BROOKS 1875 Stray Feathers 3, 240.

CARRUTHERS 1910 Ibis (9) 4, 460.

CHENG 1976 Distr. List Chin. Birds. Peking. 553–554.

GAUNTLETT 1972 J. Bombay Nat. Hist. Soc. 69, 599.

HENDERSEN u. HUME 1873 Lahore to Yarkand. London. 211–212.

IWANOW 1969 Pticy Pamiro-Alaja. Leningrad. 272–274.

JANUSCHEWITSCH et al. 1960 Pticy Kirgizii. Frunze. 2, 236–237.

JONES 1919 J. Bombay Nat. Hist. Soc. 26, 608.

KORELOW 1956 Trudy Inst. Zool. Akad. nauk Kazach. SSR 6, 144.

KOWSCHARJ 1966 Pticy Talassk. Alatau. Alma-Ata. 309–311.

KOWSCHARJ 1979 Pewtschije ptic w subwysokogorje Tjan-Schana. Alma-Ata. 135–144.

KOWSCHARJ u. LEWIN 1975 Bull. Soc. Nat. Moscou 80/5, 48–57.

KUZJMINA 1970 Pticy Kazachstana. Alma-Ata. 3, 595–600.

KUZNECOW 1962 Ornitologija 5, 236.

MADGE 1978 Bull. Orn. Soc. Middle East 1, 5.

MARTENS 1971 Vogelwarte 26, 120.

MEINERTZHAGEN 1927 Ibis (12) 3, 585.

NEUFELDT et al. 1978 Trudy Zool. Inst. Akad. nauk SSSR 68, 245–246.

PALUDAN 1959 Vidensk. Medd. Dansk nat. hist. Foren. 122, 192–193.

PEK u. FEDJAKINA 1961 Pticy Kirgizii. Frunze. 3, 111–113.

PERREAU 1910 J. Bombay Nat. Hist. Soc. 19, 910.

PLESKE 1888 Mém. Acad. Sci. St.-Petersb. 7. Ser., 36/3, 33–34.

PLESKE 1892 Mél. biol. Bull. Acad. Sci. St.-Petersb. 13/2, 291.

POPOW 1959 Pticy Gissaro-Karategina. Stalinabad. 107.

RAND u. FLEMMING 1957 Fieldiana: Zool. 41/1, 151.

RIPLEY 1961 Synopsis Birds India, Pakistan. Madras. 503.

SCHALOW 1908 J. Orn. 56, 257–258.

SCHESTOPEROW 1929 Bull. Soc. Nat. Moscou 38/3–4, 196.

SCHEWTSCHENKO 1948 Trudy Zapow. Aksu-Dshabagly 1, 57.

SCHNITNIKOW 1949 Pticy Semiretschja. Moskwa–Leningrad. 547; 557–557.

SCHULPIN 1965 Trudy Zapow. Aksu-Dshabagly 2, 183–184.

SCULLY 1881 Ibis (4) 5, 446.

SPANGENBERG u. SUDILOWSKAJA 1959 Utsch. Zap. Mosk. obl. ped. inst. Zool. 71/4, 149.

STEPANJAN 1959 Utsch. Zap. Mosk. obl. ped. inst. Zool. 71/4, 119–120.

STEVENS 1925 J. Bombay Nat. Hist. Soc. 30, 355.

STOLICZKA 1868 J. Asiat. Soc. 42–43.

SUDILOWSKAJA 1936 Birds Kashgaria. Moscow–Leningrad. 57.

WARDLAW-RAMSAY 1879 Ibis (4) 3, 447–448.

WARDLAW-RAMSAY 1880 Ibis (4) 4, 58.

WHISTLER 1919 J. Bombay Nat. Hist. Soc. 26, 773.

WHISTLER 1922 J. Bombay Nat. Hist. Soc. 28, 997.

WHITEHEAD 1909 Ibis (9) 3, 220–221.

WHYMPER 1911 J. Bombay Nat. Hist. Soc. 20, 1158.

WINOKUROW 1961 Trudy Inst. Zool. Akad. Nauk Kazach. SSR 15, 44.

ZARUDNYJ 1926 Bull. Soc. Nat. Moscou 35, 269.

ZARUDNYJ u. KOREJEW 1906 Mat. Fauna Flora Ross. 7, 243.

Phoenicurus caeruleocephalus Vigors

Blaukopfrotschwanz

Verwandtschaft

Zur Verwandtschaft s. Anm. zu *Ph. hodgsoni*.

Zur Verbreitung

Aus den gebirgigen Nadelwäldern Afghanistans (Nuristan) kommend, erreicht die Art auf dem Territorium der Sowjetunion und China (Sinkiang) die nördlichste Grenze ihrer Verbreitung, die an die bewaldeten Gebirgssysteme des Tienschan und Pamir-Alai gebunden ist und deshalb stellenweise kein geschlossenes Bild aufweist.

Im Tienschan (im Dshungarischen Alatau, Borochoro-ola, Transili- und Ketmenj-Gebirge, Kungej- und dem Ostteil des Terskej-Alatau, Narat-Gebirge, Naryntau, Kaschkaltau, Moldotau und im östlichen Kirgisen-Gebirge) bestehen die bergigen Nadelwälder aus *Picea schrenkiana*; im westlichen Kirgisen-Gebirge, im Talasskij-Alatau, im Kuram- und Fergana-Gebirge herrschen bereits Wälder aus hochstämmigem Wacholder vor, die *Phoenicurus caeruleocephalus* ebenfalls bewohnt. Im südlicher gelegenen Pamiro-Alai sind die Vögel besonders eng an Wälder aus *Juniperus semiglobosa* und *Juni-*

perus seravshanica gebunden; in den nördlichen Abhängen des Alai- und Turkestan-Gebirges und im Westteil des Hissar- und Serawschan-Gebirges mit zusammenhängenden Wacholderbeständen ist die Art weit verbreitet. Wo die Baumwacholder inselartig zerstreut vorhanden sind, wie im Aktau, Kuramin-, Darwaz-, Jazgulem- und Peter I.-Gebirge, kommt der Blaukopfrotschwanz nur sporadisch vor.

Im Fergana-Tal, am Oberlauf des Serawschan, in der Hissar-Ebene, im Transalai-Gebirge, im gesamten Badachschan und im Ugam-Gebirge, sowie in den meisten Vorbergen des Tienschan-Systems, ist *Phoenicurus caeruleocephalus* nur zur Zeit des Durchzugs gefunden worden.

In Garhwal (Indien) erreicht *Ph. caeruleocephalus* die Südgrenze seiner Verbreitung.

Spezialkarten der Verbreitung: Abdusalyamov 1973 (Tadshikistan), Kuzjmina 1970 (Kasachstan), Stepanjan 1959 (Terskej-Alatau), Schnitnikow 1949 (Gesamtareal SU), Januschewitsch et al. 1960 (Kirgisien).

Oekologie

Die Tannenwälder der Tienschan-Gebirgssysteme bilden die charakteristischen Lebensräume für die Blaukopfrotschwänze; die Grenzen ihrer Vertikalverbreitung bestimmen somit auch die Höhen, in denen die Vögel vorkommen: Im Transili-Alatau 1400—2800 m, im Terskej-Alatau 2100—2800 m. Über die Grenze des Tannenwaldgürtels geht die Art in diesem Teil des Areals praktisch nicht hinaus. In den dichten Wäldern des Transili-Alatau brütet sie selten; sie bevorzugt hingegen deren lichte Ränder, die teilweise reichlich mit Steinen bedeckt sind oder die Peripherie von Geröllfeldern, Schluchten oder steile Hänge an der oberen Waldgrenze (Kowscharj u. Lewin 1975, Neufeldt et al. 1978). Die Paare brüten in dichten Tannenwäldern im Abstand von 200—250 m; die geringste Entfernung zwischen den einzelnen Nestern beträgt ungefähr 100 m (Kowscharj u. Lewin 1975). Im Tannenwaldgürtel des Terskej-Alatau bevorzugt der Blaukopfrotschwanz geschlossene dichte Wälder bei 2200—2750 m (Stepanjan 1959), während er im Ketmenj-Gebirge am unteren Rand der Wälder brütet (Korelow 1956).

Der ungleichmäßige Charakter der Verbreitung basiert folglich auf dem Vorhandensein gebirgiger Tannenwälder, hauptsächlich an schattigen Nordhängen und in engen steilen Felsentälern. Diese Bedingungen sind nach Westen reichend bis zum Fergana- und Tschatkal-Gebirge vorhanden. Im westlichen Gebirgsteil des Tienschan und im Pamiro-Alai brütet *caeruleocephalus* in Wacholderwäldern, die zwischen 800—3000 m liegen, bei 1800—3000 m. Diese Wälder ähneln im wesentlichen den bereits geschilderten Tannenwäldern.

Abdusalyamov (1973) erwähnt einen recht untypischen Nestplatz aus Tadshikistan, der sich in einem auf einem ehemaligen Wacholderwald angesiedelten Gestrüpp aus Pappeln und Birken, vermischt mit *Lonicera, Berberis* und Rosen, befand.

Im außerhalb der Sowjetunion liegenden Verbreitungsgebiet scheint die enge Bindung des Blaukopfrotschwanzes an Nadelwälder ebenfalls typisch zu sein. In Afghanistan, bei Pashki, wurde er zur Brutzeit häufig in *Juniperus*-Wäldern bis in Höhen von ca. 3300 m nachgewiesen; ein außergewöhnliches Vorkommen wurde auch hier entdeckt, nämlich in einem Gestrüpp aus Haseln (Paludan 1959). Aus niedrigem *Juniperus communis, Cedrus deodara, Pinus gerardiana* und *Pinus excelsa* sind die Wälder im Safed Koh (ca. 2280 m) gebildet, in denen *Phoenicurus caeruleocephalus* zur Brutzeit gefunden wurde (Wardlaw-Ramsay 1879). Im Himalaja „... breeds between ca. 2400 and 3900 m, optimum zone 2700—3600 m ... prefers rocky ground, steep rocky hillsides, avoiding tall tree forest. Frequents mostly juniperus but also open pine forest" (Ali u. Ripley 1973).

Die Nester werden häufig auf der Erde gebaut, z.B. in Nischen zwischen Steinen, auf Felsen, in Vertiefungen an Abhängen, an Erdhügeln, unter Wurzeln oder zwischen freiliegendem Wurzelwerk, am Grund von Baumstümpfen, selten unweit vom Boden in Baumhöhlen, also überall dort, wo genügend Deckung und Schutz vorhanden sind (Pleske 1888, Whitehead 1909, Carruthers 1910; Whymper 1911, Baker 1933, Bates u. Lowther 1952, Korelow 1956, Winokurow 1961, Abdusalyamov 1973, Kowscharj u. Lewin 1976, Neufeldt et al. 1978). Von dieser Regel abweichende (offene) Nestbauten sind uns bekannt am Stamm eines umgefallenen Baumes (Baker 1933) und in einer Tanne, 2 m vom Boden entfernt (Stepanjan 1959).

Die Außenwand des Nestes besteht aus dünnen Tannenzweigchen, Grasstengeln, Rindenstückchen von Wacholder, Blättern, mehr oder weniger mit Moos vermischt. Die innere Schicht ist aus Moos, kleinen Gräsern, Federn, Wolle von Wild- und Haustieren, verbunden mit zarten Bastfasern von Wacholder oder feinen Würzelchen, gefertigt.

Für den Transili-Alatau sind unlängst zwei Jahresbruten nachgewiesen worden, die erste aus der ersten Maihälfte, die zweite aus der letzten Hälfte Juni—Juli (Kowscharj u. Lewin 1975). Anscheinend existieren zwei Bruten auch in anderen Gegenden der UdSSR, da frische Gelege von Ende April bis Juli gefunden wurden. Ausführliche Angaben über die Brut bei Schestoperow (1929), Stepanjan (1959), Korelow (1956), Winokurow (1961), Kowscharj u. Lewin (1975), Januschewitsch et al. (1960), Neufeldt et al. (1979) für den Tienschan; Pleske (1888), Carruthers (1910), Abdusalyamov (1973) für den Pamir-Alai; Perreau (1910), Paludan (1959) für die Südausläufer des Hindukusch; Wardlaw-Ramsay (1880), Whitehead (1909) für den Safed Koh; Whymper (1911), Bates u. Lowther (1952), Baker (1933) für den Himalaja.

Das Vollgelege besteht aus 3—5, meistens aus 4 Eiern. Die Eifarbe ist entweder schwach rosa mit kleinen graubraunen Tupfen, die am stumpfen Pol kranzartig verdichtet sein können, oder weiß, leicht himmelblau oder grünlich mit wenigen graubraunen Tüpfeln oder völlig ungetüpfelt.

XI

1983

Anser indicus (Latham)

bearbeitet von

I. A. NEUFELDT und K. WUNDERLICH

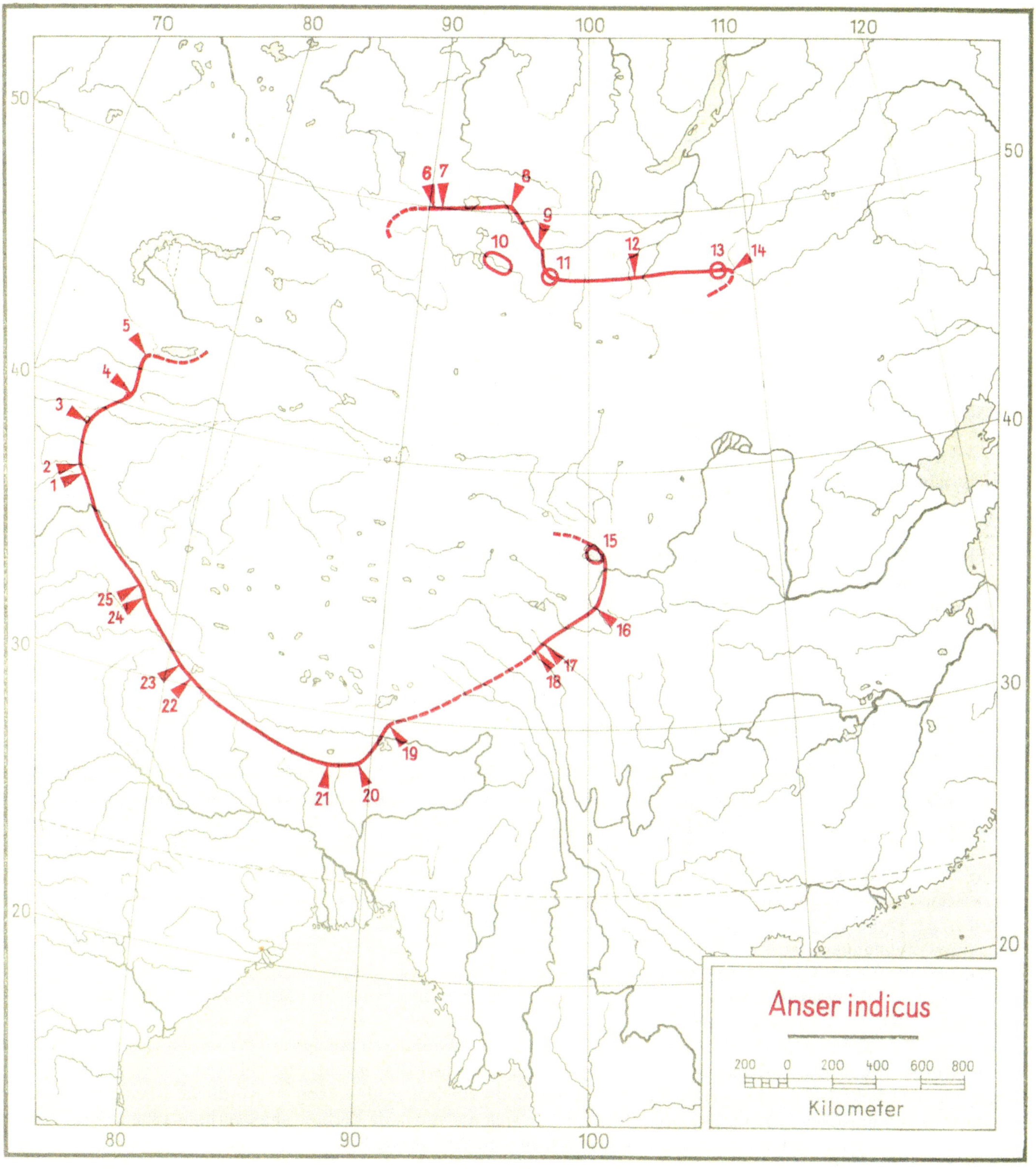

Anser indicus
200 0 200 400 600 800
Kilometer

Das seit langem vermutete Brüten im afghanischen Pamir (vgl. PALUDAN 1959, VAURIE 1965, HÜE und ETCHÉCOPAR 1970) wurde am 17. Juli 1971 von NOGGE (1973) nachgewiesen. Er entdeckte das südwestlichste Brutvorkommen bei 4000 m auf dem Kol-e-Tschaqmaqtin (50 adulte, „außerdem sehr viele Junge im Dunenkleid").

2. Im Tjanschan kannte man die Art als Brutvogel nicht nur von solch großen Seen wie Sonkjolj und Tschatyrkjolj, sondern auch von „Syrty" (flaches Hochgebirgsrelief mit weiten ebenen Flußtälern und dominierender Steppe oder Halbwüste) im Terskij Ala-Tau [vom Dshasyl-Kul – SCHNITNIKOW (1949); 1955, 1956 einige 10 Ex. am Fluß Arabel und Naryn-Oberlauf – STEPANJAN (1960), KYDYRALIJEW (1973), WTOROW (1976); ungefähr 10 brüteten auf den Pokrow-Syrty – JANUSCHEWITSCH et al. (1959)]. 1955–1956 Brut von etwa 10 auf Syrty des Sary-Dshaz-Gebirges (KYDYRALIJEW 1973, WTOROW 1976). 1965 siedelten sich ca. 10 Paare an Gewässern der östlichen Aksaja an – den Flüssen Mudurum (= Mjudjurum), Balyk-Suu, Kjol-Suu (KYDYRALIJEW 1973). Früher kamen sie auch im Alaj-Tal vor (JANUSCHEWITSCH et al. 1959). In den meisten dieser Gegenden hat der Mensch den Gänsen inzwischen bis zu ihrer Ausrottung nachgestellt. Auf den Terskij-Ala-Tau- und Sary-Dshaz-Syrty fand man 1960 keine mehr (KYDYRALIJEW 1973), auch 1962–1966 nicht (WTOROW 1976). Einzig an Sonkjolj und Tschatyrkjolj hat sich die Species im Tjanschan brütend zu halten vermocht. Aber auch dort hat die Kopfzahl in den letzten Jahren abgenommen; verglichen mit der bis 1965 um 1/3 bis 1/4 (KYDYRALIJEW 1976). Nach Angaben dieses Autors (1973, 1976) nisteten bis 1964 am Sonkjolj alljährlich 50–60 Paare. Zum Herbst hin sind dort (zusammen mit den Jungen) bis 300 und 400 Exemplare registriert worden. 1965 und in den Folgejahren verringerte sich die Zahl stark: 1965 insgesamt 230, 1969 – 126, 1971 – 42. Am Tschatyrkjolj ist die Situation etwas besser: 1969 total 410 Ex., 1971 250–280. Alles in allem wurden 1971 auf beiden Seen (samt juv.) 322 Streifengänse, gegenüber 800–1000 1959–1960 zur selben Zeit, protokolliert (KYDYRALIJEW 1976).

3. Im russischen Altai ist die Art vermutlich nicht derart gewöhnlich gewesen wie im Pamir und Tjanschan, auch früher nicht, obwohl SUSHKIN (1938) sie für seine Reisejahre (1914, 1915) in jenem Raum als nicht selten im SE-Altai, südlich der Kuraj-Steppe, in der Tschuj-Steppe und auf dem Ukok-Plateau aufführt. Heute nistet sie lediglich an großen Seen auf diesem Plateau, hauptsächlich im Kalguty-Tal (IRISOW 1968). Östlicher, in Tuwa, hält sie sich wie einst südlich des Tannu-Ola-Gebirges im Becken des Tes-Chem (SUSCHKIN 1914, BARANOW 1979) auf. 1977 fand BARANOW (1979) 20–25 brütende Paare im Kargy-Tal, bereits im Altai-System am Gebirgsknoten Mongun-Tajga.

Insgesamt ist der 1971er Bestand der Streifengans auf sowjetischem Gebiet auf nicht viel mehr als 1000 veranschlagt worden.

Gründe für jenes Schwinden der Kopfzahlen und das Erlöschen von Brutplätzen in der UdSSR (nach KYDYRALIJEW 1973, 1976): Wildern – Zerstören von Nestern im Frühling, Absammeln der Gelege, Bejagen mausernder Vögel. Auf den Zugwegen und im Winterquarier werden viele umgebracht. Natürliche Feinde gewinnen in der Brutzeit erheblichen Einfluß. So stehlen Rabenkrähen und Raben Eier, auf die Gössel machen Steinadler, Milane, Bandseeadler, Rohrweihen und Füchse Jagd. Die anthropogene Beunruhigung wächst; es bleiben immer weniger Niststandorte von Menschen unaufgesucht. Mehrere aktuelle Brutplätze unterliegen zuweilen dem Einwirken ungünstiger hydrologischer Faktoren. So bewohnen die Gänse auf dem Tschatyrkjolj Inseln schwimmender Vegetation, die bei steigendem Wasserspiegel meist der Zerstörung anheimfallen, mit ihnen Gänsenester samt Eiern. Am Sonkjolj wird auf festen Inseln gebrütet, aber selbst höhergelegene Partien zieht Wellenschlag hin und wieder in Mitleidenschaft, entsprechend Nester und Gelege.

Was Schutzvorkehrungen angeht, so darf die Art in der RSFSR, in Kirgisien, Tadshikistan und Usbekistan nicht bejagt werden. An Tschatyrkjolj, Sonkjolj und Karakulj sind Schutzgebiete eingerichtet worden; zudem wurden an den beiden erstgenannten Maßnahmen getroffen, die die Brutbedingungen verbessern sollen. Unter anderem werden künstliche Inseln geschaffen (KYDYRALIJEW 1976).

Für Mongolei, Tibet und Indien waren jüngere Brutbestandsziffern in gewünschter Menge und Angaben zu eventuellem Schutz dieses auffälligen Vogels allen verfügbaren Quellen nur unzureichend zu entnehmen. Daraus resultieren die Unsicherheiten unserer Grenzziehung in NW, E und SE. „Innere" Fundorte konnten nur wenige eruiert werden, sie liegen vornehmlich im westlichen Nanschan und am mittleren Nordrand des Kuenlun. Dies macht, wie bei *Grus nigricollis* (vgl. Lfg. 8), wiederum überdeutlich, daß das seenumkränzte und -durchsetzte Hochtibet (Jangtang = Nördliche Ebene) bis heute zoogeographisch und faunistisch ungenügend erforscht ist. Wenn sich die vertikale Verbreitung oberhalb 4800 m auch verlieren dürfte – die Bekanntgabe weiterer Brutnachweise bleibt dringend erwünscht. Das vertikale Vorkommen reicht von 1000 m im Tola-Tal und etwa 2500 m im Orchon-Gebiet bis um 4500 m (Kailas-Region) und über 4700 m in SE-Tibet.

Spezialkarten der Verbreitung bei ABDUSALJAMOW 1971 und JANUSCHEWITSCH et al. 1959 (Sowjetunion), CHENG 1976 (China).

Oekologie

Als in lockeren Kolonien brütender Vogel an Marschen, Sümpfe, feuchte Depressionen bzw. an See- und Flußufer auf Hochsteppen oder -plateaus bis um 5000 m Höhe gebunden. Die Nester werden sowohl auf kleinen und flachen Grasinseln in Seen als auch steilen Kliffs plaziert.

In Pamir und Tjanschan werden gegenwärtig Inseln in süßen und schwach salzhaltigen Hochgebirgsseen besetzt. Einst brütete die Art am Naryn-Oberlauf auf sandig-kiesigen Bänken mitten im Fluß. Flache Eilande werden bevorzugt, aber auch sanfte Hanglagen besiedelt. Allerdings sind von sowjetischem Gebiet – im Unterschied beispielsweise zu Tibet – Brut-

Bianchi 1907 Aves exped. Kozlowi Mongol. Tibet. orient. St.-Peterb. 230.
Biswas 1960 J. Bombay Nat. Hist. Soc. 57, 299.
Cheng 1976 Distrib. List Chin. Birds (Rev. Ed.). Peking. 42—43.
Dathe 1971 Intern. Zoo News 18, 240—241.
Dementjew u. Naumow 1966 Utsch. zap. Mongol. Univ. 9, 27—39.
Dolguschin 1960 Pticy Kazachstana. 1. Alma-Ata. 277—279.
Fleming u. Traylor 1968 Fieldiana 53, 155.
Gole 1982 Aquila 89, 141—149.
Grum-Grshimailo 1899 Opisanije put. w zap. Kitaj. St.-Petersb. 3—7.
Hüe u. Etchécopar 1970 Oiseaux Proche et Moyen Orient. Paris. 102.
Irisow 1968 Resursy wodoplaw. ditschi w SSSR, 2. Aziat. tschastj SSSR, tez. dokl., 2 sow. Moskwa. 58.
Januschewitsch et al. 1959 Pticy Kirgizii. 1. Frunze. 36—39.
Koning u. Walmsley 1973 IWRB—Bull. 35, 67.
Kozlowa 1930 Pticy Zabajkalja, sew. Mongolii i centr. Gobi. Leningrad. 73—75.
Kozlowa 1932 Pticy wysokogogorn. Changaja. Leningrad. 23.
Kydyralijew 1973 Pticy wodoemow Zentr. Tjan-Schanja. Frunze. 32—40.
Kydyralijew 1976 Trudy Oksk. zapow. 13, 62—64.
Kydyraliev, Abdusalyamov 1979 Migrations birds Eastern Europe and Northern Asia. Ciconiiformes-Anseriformes. Moscow. 179—181.
Ludlow 1944 Ibis 86, 388.
Ludlow 1950 Ibis 92, 43—44.
Ludlow 1951 Ibis 93, 577.
Lukaschkin 1934 Westn. Mantschshurii 9, 7—8.
Maclaren 1948 Ibis 90, 205.
Mauersberger 1979 Ann. Orn. 3, 112.
Mauersberger, Wagner, Wallschläger u. Warthold 1982 Mitt. zool. Mus. Berlin 58, 16.
Meinertzhagen 1927 Ibis 3 (12), 614.
Nogge 1973 Bonner Zool. Beitr. 24, 255—256.
Osmaston 1925 Ibis 1 (11), 715—717.
Paludan 1959 Birds Afghanistan. København. 302.
Piechocki 1959 Abh. Ber. Mus. Tierk. Dresden. 24, 177.
Piechocki 1968 Mitt. Zool. Mus. Berlin 44, 179—481.
Piechocki, Stubbe, Uhlenhaut u. Sumjaa 1981 Ann. Orn. 5, 89—90.
Pleske 1892 Mel. biol. 13. St.-Petersb., 298.
Potanin 1881 Otscherki sew.-zap. Mongolii. St.-Petersb., 347.
Potapow 1966 Trudy Zool. Inst. AN SSSR 39, 17—22.
Prshewalskij 1876 Mongolei u. Land Tanguten. 2. Sanktpeterburg. 151.
Prshewalskij 1883 Tretje puteschestwije w Centr. Asii. St.-Petersb. 398—400.
Red Data Book USSR 1978 Moscow. 94, 95.
Riley 1930 Proc. U.S. Nat. Mus. 77, 4.
Santapau u. Abdulali 1961 J. Bombay Nat. Hist. Soc. 58, 284.
Santapau u. Abdulali 1962 J. Bombay Nat. Hist. Soc. 59, 964.
Schäfer 1938 J. Orn. 86 (Sh.), 121—127.
Schäfer u. Meyer de Schauensee 1939 (1938) Proc. Acad. Nat. Sci. Philadelphia. 90, 186.
Schnitnikow 1949 Pticy Semiretschja. Moskwa—Leningrad. 89, 90.
Seleznew 1976 Trudy Oksk. zapow. 13, 64—66.
Stegmann 1929 (1928) Ann. Mus. Zool. Acad. Sci. URSS 29, 131.
Stepanjan 1960 Ochrana prirody i zapowednoje delo w SSSR 4, 71—74.
Stresemann et al. 1938 J. Orn. 86, 189.
Suschkin 1914 Pricy Minusinsk. kraja. Moskwa. 72.
Sushkin 1938 Birds Soviet Altai. 1. Moscow—Leningrad. 140—141.
Taczanowski 1893 Faune orn. Sibérie Orient. St.-Petersb. 1087—1089.
Tristan, Zweskin 1960 Zool. Sh. 39, 145—147.
Tugarinow 1932 Pticy wost. Mongolii. Leningrad. 14.
Vaurie 1965 Birds palearct. Fauna. Non-Passeriformes. London. 103.
Vaurie 1972 Tibet and its Birds. London. 170—171.
Walton 1906 Ibis 6 (8), 253—254.
Welishanin 1976 Trudy Oksk. zapow. 13, 66.
Wtorow 1976 Trudy Oksk. zapow. 13, 67.

Briefliche Auskunft erteilte Jähme (Mongolei), mündlich gab Mauersberger (Mongolei).

Anser indicus (Latham)

Streifengans

Zur Verbreitung

Hauptgebiet der Verbreitung sind die Hochebenen Zentralasiens — Tibet mit dem vorgelagerten Kuku-nor-Gebirge, E-Nanschan, Ladakh, teilweise Kuenlun und Karakorum sowie die hohe Mongolei, besonders Changaj und Chentej. Darüber hinaus lebt *A. indicus* im Pamir, Tjanschan, Altai und östlichen Tannu-Ola-Gebirge. Ganz aktuell sind wir lediglich über die SW-, W- und N-Peripherie des Areals unterrichtet, also über den Status der Art auf afghanischem, sowjetischem und mongolischem Gebiet. Im Pamir, Tjanschan und SE-Altai existieren intakte Brutansiedlungen nur noch an wenigen, weit voneinander entfernten Hochgebirgsseen. In den letzten 10—15 Jahren hat sich der Bestand erheblich verringert, und entsprechend aufgesplittert ist die russische Brutpopulation heute.

Zum Ablauf dieses Prozesses: 1. Im sowjetischen Pamir war die Gans dereinst ziemlich weit verbreitet. Sie brütete in Kolonien an Karakulj, Rangkulj, Schorkulj, Bulunkulj, Sasykkulj, Zorkulj, Jaschilkulj (Abdusaljamow 1971). 1962 schritten am Zorkulj 50—60 Paare zur Brut, am Karakulj 23—30, am Rangkulj höchstens 5 (Potapow 1966). 1971 hat Seleznew (1976) an Rangkulj, Bulunkulj und Jaschilkulj die Vögel schon nicht mehr angetroffen. Von den meisten o. g. Pamir-Seen sind sie gegenwärtig verschwunden; sie finden sich zum Brüten nur an Zorkulj und Karakulj ein (Abdusaljamow et al. 1976). Die Population zählte nach Seleznew (1976) 1971 640—710 und 1972 780—800 Köpfe.

FUNDORTLISTE

1. Kol-e-Tshaqmaqtin	BJ	NOGGE 1973
2. Zorkulj	BANJ	ABDUSALJAMOW et al. 1976, SELEZNEW 1976
3. Karakulj	BANJ	ABDUSALJAMOW et al. 1976, SELEZNEW 1976
4. Tschatyr-Kulj (= Tschatyrkjolj)	BANJ	KYDYRALIJEW 1973, 1976
5. Son-Kulj (= Sonkjolj)	BANJ	KYDYRALIJEW 1973, 1976
6. Mongun-Tajga, Fluß Kargy	BNJ	BARANOW 1979
7. Urgog-Nur (= Ureg Nor)	A	SUSHKIN 1938
8. Fluß Ersin	BJ	BARANOW 1979
— Delta d. Beku Morin, NW Achit Nor (= Achitu-Nor)	A	SUSHKIN 1938, Coll. Zool. Inst. Leningrad
9. Telmen-nur (= Telmin-nur)	AJ	PIECHOCKI 1968
10. Zavchan-Niederung ↓	AJ	PIECHOCKI 1968
11. Seen im Gebiet des Otchon-Tengri (= Otgon-Tengri)	A	KOZLOWA 1932
— Uljasutaj	ABJ	BEREZOWSKIJ (fide POTANIN 1881)
12. E-Ufer d. Ugij-nur	ABNJ	PIECHOCKI 1968
— Tamir-gol (= Tamrin-gol)	A	KOZLOWA 1930, PIECHOCKI 1968
— Orchon-Staubecken bei Charchorin	A	MAUERSBERGER 1979
— W Orchon-Wasserfall	A	MAUERSBERGER 1979
— Sangiin-dalaj-nor, SE Chudshirt	AJ	MAUERSBERGER 1979, JÄHME brfl. 1980, MAUERSBERGERet al. 1982, MAUERSBERGER mdl. 1983
13. Tola-Tal, SW-Chentej	ABNJ	KOZLOWA 1930
14. Kerulen, 100 km oberhalb Cecen-chan (= Undurchan)	AJ	TUGARINOW 1932
— Kerulen-Oberlauf u. Weg nach Undurchan, Ende VIII.		DEMENTJEW u. NAUMOW 1966
15. Kuku-nor	ABJ	PRSHEWALSKIJ 1876, RILEY 1930, STRESEMANN et al. 1938, Coll. Zool. Inst. Leningrad
— Balema (= Charin-gol), nördl. Zufluß d. Kuku-nor	ABJ	PRSHEWALSKIJ 1876, Coll. Zool. Inst. Leningrad
— Tetung (= Tetung-ho)-Oberlauf	ABN	PRSHEWALSKIJ 1876, PLESKE 1892, Coll. Zool. Inst. Leningrad
— bei Datun	A	GRUM-GRSHIMAILO 1899
16. Radja (= Ragya Gompa)	A	BANGS u. PETERS 1928
17. Oberlauf Jalung	NJ	SCHÄFER 1938, SCHÄFER u. MEYER DE SCHAUENSEE 1939 (1938)
— Dzatschju, Mag-Mug	BN	BIANCHI 1907
— Camp 102	J	SCHÄFER u. MEYER DE SCHAUENSEE 1939 (1938)
— Camp 80	N	SCHÄFER 1938
18. Jangtse-Tal bei Yekundo	ABN	SCHÄFER 1938
— Camps 85-79	A	SCHÄFER 1938
— Camp 131 (bei Dre-tschu-gomba)	A	SCHÄFER u. MEYER DE SCHAUENSEE 1939 (1938)
19. Lhasa	B	LUDLOW 1950
20. Hram Tso (= Bam Tso)	BNJ	WALTON 1906, BAILEY 1909, MACLAREN 1948
— Kala-Tso	B	WALTON 1906
21. Gayamtashana-See, Sikkim (VIII.)		SCHÄFER unveröff.
22. bei Taklakot	A	ALI 1946
— Inseln Lachato u. Topserma (S- u. W-Rakhas Tal) ↓	B	ALI 1946
— bei Ngayeze	A	ALI 1946
— Tseti Tso	A	ALI 1946
— Ding Tso	A	ALI 1946
— Fluß La Chhu	A	ALI 1946
23. Gyanima Tso (= Kharkho Tso)	B	ALI 1946
24. Tso Moriri	ABN	OSMASTON 1925
25. Tso Kar	BN	OSMASTON 1925, MEINERTZHAGEN 1927
— Shushal (= Chushul)	BNJ	OSMASTON 1925, MEINERTZHAGEN 1927
— Pangong (= Pangkong = Pangong Tso)	AJ	OSMASTON 1925, MEINERTZHAGEN 1927

Anmerkungen

Zu P. 10: Etwa 100 km W (N Erdeneburen, wo der Chovdgol das Gebirge durchbricht) stießen PIECHOCKI et al. (1981) auf eine Brutkolonie von ca. 100 Paaren auf inselartiger Sandbank.

Zu P. 22:
Der Status ,,Brutvogel "bedarf gewisser Einschränkung. ALI konnte seinerzeit diese Angabe lokal Ansässiger in Ermangelung eines Bootes nicht selbst nachprüfen.

LITERATUR

ABDUSALJAMOW 1971 — Fauna Tadshik. SSR 19. Pticy. Duschanbe. 62—70.

ABDUSALJAMOW et al. 1976 — Redkie i istschezajutschie shiwotnye Tadshikistana. Duschanbe. 39—41.

ALI 1946 — J. Bombay Nat. Hist. Soc. 46, 307.

ALI u. RIPLEY 1978 — Birds India and Pakistan. 1. Delhi—London—New York. 131—133.

BAILEY 1909 — J. Bombay Nat. Hist. Soc. 19, 367—369.

BANGS u. PETERS 1928 — Bull. Mus. Comp. Zool. Harvard 68, 325.

BARANOW 1979 — Biol. resursy Altajskogo kraja i puti ich racional. ispolzow. Barnaul 115—117.

plätze auf steilen Uferhängen oder Felsabstürzen nicht bekanntgeworden. Im Tjanschan liegen die Neststandorte nicht unter 3000 m (KYDYRALIJEW). Heute nicht mehr existierende (JANUSCHEWITSCH et al. 1959) waren zwischen 4000 und 4200 m am Arabel-Paß. Im Pamir findet Brut noch bei 4125 m am Zorkulj statt (POTAPOW 1966).

Die Brutinselphysiognomie ist stetem Wandel unterworfen. Am Tschatyrkjolj sind es kleinere (80—100 m²), bei Niedrigwasser aus der *Potamogeton*-Decke auftauchende, größtenteils versumpfte Eilande, die steigendes Wasser (zwischen Mai und Juni) wieder untertauchen läßt bzw. zerstört. Die Gänse wechseln dann zu anderen Stellen oder benutzen das ins Wasser geratene erste Nest samt Gelege als Plattform für ein zweites (KYDYRALIJEW 1976). Am Sonkjolj sind es standfeste, die nur an den Rändern und in Senken überschwemmt, dennoch von auflaufender Brandung allmählich abgetragen werden (KYDYRALIJEW 1976). Im Pamir (an Zorkulj und Karakulj) besetzen sie sowohl vegetationslose Salzböden als auch glatte oder brüchige Klippen, die an versumpften Stellen Riede tragen, andererseits sogar Wermut und Horste von Hornmelde (POTAPOW 1966, ABDUSALJAMOW 1971).

Kopfzahl der Gänse und Vorhandensein geeigneter Neststandorte bemessen die Größe der Kolonien. Entsprechend sind die einzelnen Nester voneinander distanziert. Im Pamir fand POTAPOW (1966) in *A. indicus*-Ansiedlungen von 2—15 Brutpaaren nicht selten *Larus brunnicephalus* und *Sterna hirundo* brütend. In einer inzwischen verschwundenen Kolonie auf einer großen Insel am Schorkulj lagen 14 Nester jeweils etwa 4 m auseinander, auf kleinen weniger. Am Rangkulj wurden auf einem Eiland von 4,5 · 3 m 6 Nester gezählt (ABDUSALJAMOW 1971). Nach Angaben KYDYRALIJEWS (1973) umfassen die Tjanschan-Ansiedlungen gewöhnlich 3—5, zuweilen bis 25 Paare, einzelne Nester auf Inselchen sind selten, die Nestabstände betragen 0,40—1,50 m. 1953 sind am Sonkjolj auf einer 0,2-ha-Insel 17 und am Tschatyrkjolj auf einer Insel von 20 · 40 m 37 Gänsenester angetroffen worden (JANUSCHEWITSCH et al. 1959).

Die Nester werden offen oder unter Grashorsten angelegt. Das Nest ist eine Delle im Boden, im einfachsten Fall mit Daunen gepolstert, öfter am Rand mit Grashalmen ausgekleidet, mit Hornmeldestengelchen ausgefüllt, die Mulde mit Daunen versehen. Auch simple Wälle aus kleinen Stengeln und Dunen auf dem Erdboden sind gefunden worden (ABDUSALJAMOW 1971, KYDYRALIJEW 1973, POTAPOW 1966).

Zur Eiablage wurde am Sonkjolj zwischen 3. und 5. Mai, am Tschatyrkjolj zwischen 15. und 20. Mai geschritten. Die Lufttemperatur erreichte dann 4—8 °C, am Boden wurden 18—20 °C gemessen (TRISTAN, ZWESKIN 1960, KYDYRALIJEW 1973). An den Pamir-Seen beginnt jene zwischen 10. und 15. Mai (ABDUSALJAMOW 1971). Bei Verlust des Erstgeleges werden Nachgelege gezeitigt, die in der Regel weniger Eier enthalten. Die Eier sind reinweiß. Vollgelege umfassen meist 4—5; solche mit 2—3 oder 6—7, ganz selten mit 8—10, sind protokolliert worden (KYDYRALIJEW 1973).

An der Nordgrenze ihrer Verbreitung lebt die Streifengans auch in relativ niedrigen Höhenlagen: 1400—2400 m im Russischen Altai, auf 2500 m im Changaj (Orchon-Gebirge), sogar bei nur 1000 m in den Vorbergen des Chentej und Felsen des Tola-Tales. In der Mongolei ist die Mehrzahl der Nester auf felsigen Uferhöhen gefunden worden. Wie auch in anderen Teilen ihres Areals nutzt *A. indicus* oftmals alte verlassene Greif- und Rabenvogelhorste. So sind ihre Gelege am Ugij-nur in einem auf einem Felssporn plazierten Horst des Mongolenbussards (*Buteo hemilasius*) angetroffen worden (PIECHOCKI 1968), an der Tola sogar auf Pappeln (*Populus*), ebenso in fremden Nestern in Astgabeln 4—8 m hoch (KOZLOWA 1930). In der Kargy-Tal-Kolonie in Tuwa waren sämtliche Nester auf Bäumen (5 auf *Populus*, 1 auf *Larix*), in alten Horsten von *Milvus korschun* und anderen Vögeln; die Abstände zwischen ihnen betrugen 400, 250, 20, 15 und 8 m (BARANOW 1979). Brutzeit: Am Ugij-nur am 7. Juni Eier, aus denen die Jungen gerade zu schlüpfen begannen, auch frische Gelege (PIECHOCKI, l. c.), im Tola-Tal frische Eier am 13. Juni, 7- bis 8tägige Junge am 22. Juni (KOZLOWA, l. c.). In Tuwa (Kargy-Tal) waren am 18. Mai die entdeckten Gelege (3—11 Eier) sowohl frisch als auch unterschiedlich stark bebrütet; zwischen 25. und 30. Mai begannen die Jungen zu schlüpfen (BARANOW 1979).

Für das von ihm bereiste südosttibetische Gebiet nennt SCHÄFER (1938) *A. indicus* „als Brutvogel eines der auffälligsten und charakteristischsten Tiere der Kiang- und Wildyaksteppe ... Die Streifengans ist nur sporadisch verbreitet, da sie zur Anlage ihrer Brutplätze felsiges Gelände benötigt und aus diesem Grunde in den Nakamooren, die von flachwelligen Steppengebieten umgeben sind (wo *Grus nigricollis*, *Sterna hirundo tibetana* und *Totanus totanus eurhinus* Charaktervögel sind), nicht mehr vorhanden ist. Daher beschränkt sich der Lebensraum der Streifengans im allgemeinen auf die Täler des Jalung und Jangtse und deren Nebenflüsse, wo ihr noch von Flüssen angeschnittene Felswände zur Verfügung stehen. Hier leben die Gänse in Brutgemeinschaft mit vielen Raubvögeln, Alpenkrähen, Kolkraben und Tauben den ganzen Sommer über".

Brutbiologische Daten von ebendort: Erstankömmlinge bei Yekundo am 20. März. Sämtliche gepaart, Beginn der Brut umgehend. ♀♀ bereits am Tage der Ankunft mit haushuhneigroßen Eiern. Gros der Vögel traf bei Lager 85—79 (vgl. Karte) am 15. April ein. „Zu dieser Zeit waren die Talböden der Steppenflüsse noch mit einer meterdicken Eisschicht bedeckt, dazu setzten die großen Frühjahrsschneefälle ein, so daß die Landschaft bei regelmäßigen Nachtfrösten von —1 bis —7 °C einen durchaus winterlichen Eindruck machte. Die Gänse erschienen in kleinen Verbänden von 6—20 Vögeln und suchten augenblicklich ihre Felsenbrutplätze auf, wo sie sich am oberen Jalung jeweils zu 50—100 Vögeln zusammenfanden. Hier entspannen sich zwischen den Gänsen und den Raubvögeln, die ihre Horste schon bezogen hatten, aufgeregte Kämpfe. Die Brutplatzarmut der hohen Steppengebiete machte sich deutlich bemerkbar" (SCHÄFER 1938). Bei Lager 80 Horst von abgeschossenem *Falco cherrug milvipes* am 2. Mai besetzt. Tags darauf erstes Ei. Hauptbrutzeit Juni. Oft kolonieartig dichtes Brüten; in solitären Felsen dann Nestdistanzen von 2—3 m. Nester, meist mit Reisiggrundlage aus Zwergweiden, erst kurz vor dem Schlupf der Jungen mit Dunen ausgelegt. „Die Ganter entfernen sich nie weit von den Nestern. Sie stehen zumeist in Scharen von 10—20 Individuen vereinigt in den nahen Sumpfgebieten" (SCHÄFER, l. c.). Frisch geschlüpfte Junge am

11. Juni. Oben genannter Autor fand 3—8 Junge bzw. gewöhnlich 4—5 Eier. Nach dem Ausschlüpfen der Jungen ziehen sich die Familien aus dem felsigen Brutgebiet an die nahen Flußufer oder auf größere Nakateiche und Seen zurück, wo der Nachwuchs im völlig ungedeckten Gelände gefahrlos aufgezogen werden kann, oft mit Rostgans- und Moorenten-Familien zusammen. Überwiegend 1—3 Jungvögel (seltener 4—5) werden im August flügge. Die Altvögel mausern von Mitte Juli bis in den August. Sobald im August beide Generationen fliegen können, „streichen die Familien im Steppenland umher und halten sich in den weiten Nakamooren auf, ehe sie wieder nach Süden ziehen" (SCHÄFER, l. c.).

In S-Tibet brüteten nach BAILEY (1909) inmitten der Sümpfe am Hram Tso-Südufer (ca. 4480 m) tausende; am 2. Juni (1908) bargen die Nester Gelege aus 2—8, öfter 4 Eiern und Junge. MACLAREN (1948) berichtet von einem Nestfund (frisches Fünfergelege) am selben See vom 10. Mai 1936; das Gros der anwesenden Streifengänse hatte mit dem Brutgeschäft aber noch nicht begonnen.

ALI (1946) konstatierte für das südliche Kailas-Gebiet (3900—4500 m) zeitiges Brüten, da bereits am 30. Juni viele voll befiederte Junge in den Familien ausgemacht werden konnten. Dortige Vollgelege enthielten 3—5 Eier.

Anhaltspunkte für Zahl und Bruttermine in Ladakh geben folgende Daten OSMASTONS (1925). Im Uferbereich namenloser Inseln des Tso Kar (bei ungef. 4500 m) befanden sich Kolonien von 10—12 Brutpaaren; dort wurde am 9. Juni ein Gelege mit 6 frischen Eiern in einem Horst von *Corvus corax tibetanus*, „on the face of the cliff", entdeckt. Am Tso Moriri (4500 m) und einem kleinen See NW Shushal (4300 m) waren Brutkolonien von je etwa 16 Paaren auf Inseln. In jener enthielten am 17. Juni 13 Nester unterschiedlich lang bebrütete Eier, eines hingegen kürzlich geschlüpfte Junge. In der zweiten Kolonie waren am 3. Juli verschieden alte Gössel. Neuere Ladakh-Daten (1976—1980) bei GOLE (1982).

Streifengänse ernähren sich vorzugsweise vegetabilisch, besonders im Frühling und Herbst. Im Tjanschan und Pamir fliegen sie in dieser Zeit oft in angrenzende Schafschwingelsteppen zur Weide, äsen auf den Riedflächen sumpfiger Uferwiesen oder auf Untiefen inmitten von Wasserpflanzenteppichen, dann speziell Laichkraut. Basisnahrung: Vegetative Teile von Seggen (Cyperaceae), Kammlaichkraut *(Potamogeton pectinatus)*, Quirligem Tannenwedel *(Hippuris vulgaris)*, Gramineen u. a. m. (JANUSCHEWITSCH et al. 1959, TRISTAN, ZWESKIN 1960, POTAPOW 1966). In der Fortpflanzungsperiode spielen im Pamir verschiedene Wirbellose, die in den Brutseen leben, eine erhebliche Rolle, so *Gammarus lacustris*, Tentipedidae (POTAPOW 1966).

Wanderungen

Zugvogel, der schon von den wintermilden Lagen und Tälern Randtibets an bis relativ weit ins himalayanische Vorland Pakistans, Nepals, Indiens, Assams, Burmas und Chinas (W-Jünnan) hinein überwintert, sehr selten über die zentralen Distrikte dieser Länder hinaus.

Ringfunden zufolge verbringen die Tjanschan- und Pamir-Gänse die unwirtliche Jahreszeit im weiten Talraum des mittleren Indus in Pakistan (SANTAPAU u. ABDULALI 1962, KYDYRALIJEW 1973, KYDYRALIJEV, ABDUSALYAMOV 1979). Der Wegzug führt die Tjanschan-Vögel durch den Pamir, wo sich beide Populationen vermengen und dann gemeinsam weiterziehen. Die herbstliche Zugspitze ist an den Pamir-Seen mit 1000—1500 Individuen ermittelt worden (SELEZNEW 1976). Das Winterquartier der kleinen Altai- und Tuwa-Population ist unbekannt. Allerdings lassen episodische Begegnungen mit der Art westlich und südlich davon [im August bei Ustj-Kan (WELISHANIN 1976), Kasachstan: Zajsan, selber Monat, 13. April Dsharkent, 25. April Bajan-kol (Ili-Becken), 29. Mai Kaskelenka bei Alma-Ata (DOLGUSCHIN 1960)] vermuten, daß sie auch von jener Brutheimat aus des öfteren durch Tjanschan und Pamir zum Indus wandern, andere hingegen nach S und SE durch Mongolei und China.

Diese Funde, ferner das Erlegen von Stücken am Sonkjolj im Juli, am 3. April am Ili (120 km N Alma-Ata) (KYDYRALIJEW 1973), können ebensogut als gelegentliche Streifereien gewertet werden. Aus der Mongolei zugeflogen waren sicher die Exemplare, die am 20. Juli am S-Baikal beobachtet worden sind (TACZANOWSKI 1893), Ende Juni am Tarej-Nor [STEGMANN 1929 (1928)] und am 17. April bei Troickosawsk (Ex. in Coll. Zool. Inst. Leningrad), also sämtlich in Transbaikalien.

Überwintert wird bis Mitte März. Schon Anfang April erscheinen jeweils 1—2 Paare als „Kundschafter" an den Nistplätzen. Massenzug ist mit der Eisschmelze längs der Seeufer und dem Ausapern angrenzender Steppen (der Äsungsflächen) korreliert; beides geschieht bis Ende April. Dann treffen die Gänse in Flügen von 15—20 Köpfen ein und bilden örtlich größere Ansammlungen (KYDYRALIJEW 1973).

Von den Brutplätzen brechen einige Ende August auf, andere bleiben bis in den Oktober. Gegen Ende September, wenn die Mauser der adulten Vögel ausklingt und die juvenilen vollflügge sind, scharen sie sich zusammen, streifen weit umher und tauchen dann an Seen auf, an denen sie nicht brüten. Zuzügler aus anderen Gegenden lassen lokale Anwesenheitsziffern nicht selten sprunghaft in die Höhe schnellen. Der Abzug geht in der 2. Oktoberhälfte los, wenn schroffe Kälte einsetzt, Schneefälle gehäuft auftreten und die Seen zuzufrieren beginnen.

Ende Oktober, wenn an den Seeufern kaum noch eisfreie Stellen sind, ziehen fast alle weg. Bei besonders günstiger Witterung verweilen wenige bis Anfang November. So verschwanden 1956 am Tschatyrkjolj die letzten am 6. November (TRISTAN, ZWESKIN 1960). An den Pamir-Seen halten sie bei warmem Herbst bis etwa 10. November aus (ABDUSALJAMOW 1971). Im Winterquartier kommen sie ab Oktober an.

Dorthin, wahrscheinlich auch zurück, folgen sie einer Zugtrasse, die direkt durch den Pamir, die Durchbruchstäler und hochalpine Welt, in der sich Hindukusch, Karakorum und Himalaya berühren, führt, mitunter sehr hoch — bis 7000 m

(Potapow 1966). Im Gilgit-Tal sind 2 Vögel, die im Tjanschan erbrütet wurden, erlegt worden. Die Länge des Wanderweges mittelasiatischer Streifengänse zu ihren mittelpakistanischen Winteraufenthaltsplätzen beträgt 700—1100 km (Sanatapau u. Abdulali 1961; Kydyralijev, Abdusalyamov 1979). Als ,,neuerdings bedeutendstes Überwinterungsgebiet in Westpakistan" deklarierten Koning und Walmsley (1973) das saisonal überflutete Gelände nördlich des Taunsa-Staudammes im Indus, unweit von Multan. Am 5. Februar 1973 wurden dort 157 Ex. gezählt. Neuere Angaben zu Indien macht Gole (1982; vgl. dort).

Ludlow (1944) protokollierte ,,immense Zahlen" auf dem südosttibetischen Yamdrok Tso im März. Die Vögel ästen *Potamogeton pectinatus*. Ebenso häufig bei Lhaggyari. Regelmäßig von Herbst bis Frühling im Kyi-Tal (Lhasa), auch im Tsangpo-Tal (vgl. Ludlow 1950, 1951). Für Nepal vermerken Fleming und Traylor (1968) hunderte auf dem Karnali Anfang März. Ali u. Ripley (1978) schreiben vom Zug tausender längs dieses Flusses nach N Ende März (fide Willan in litt.). Zug über NW-Pakistan und NW-Indien wurde Oktober/November und Mitte Dezember beobachtet. Biswas (1960) sah am 5. April eine Schar auf dem Zug nach N über dem Dudh Kosi, Khumbu (E-Nepal) bei 3650 m.

Wohl ausnahmslos als Gefangenschaftsflüchtling ist die Art gelegentlich in Mittel- und Nordeuropa erschienen (vgl. Dathe 1971).

Tringa guttifer (Nordmann)

bearbeitet von

I. A. NEUFELDT und E. v. VIETINGHOFF-SCHEEL

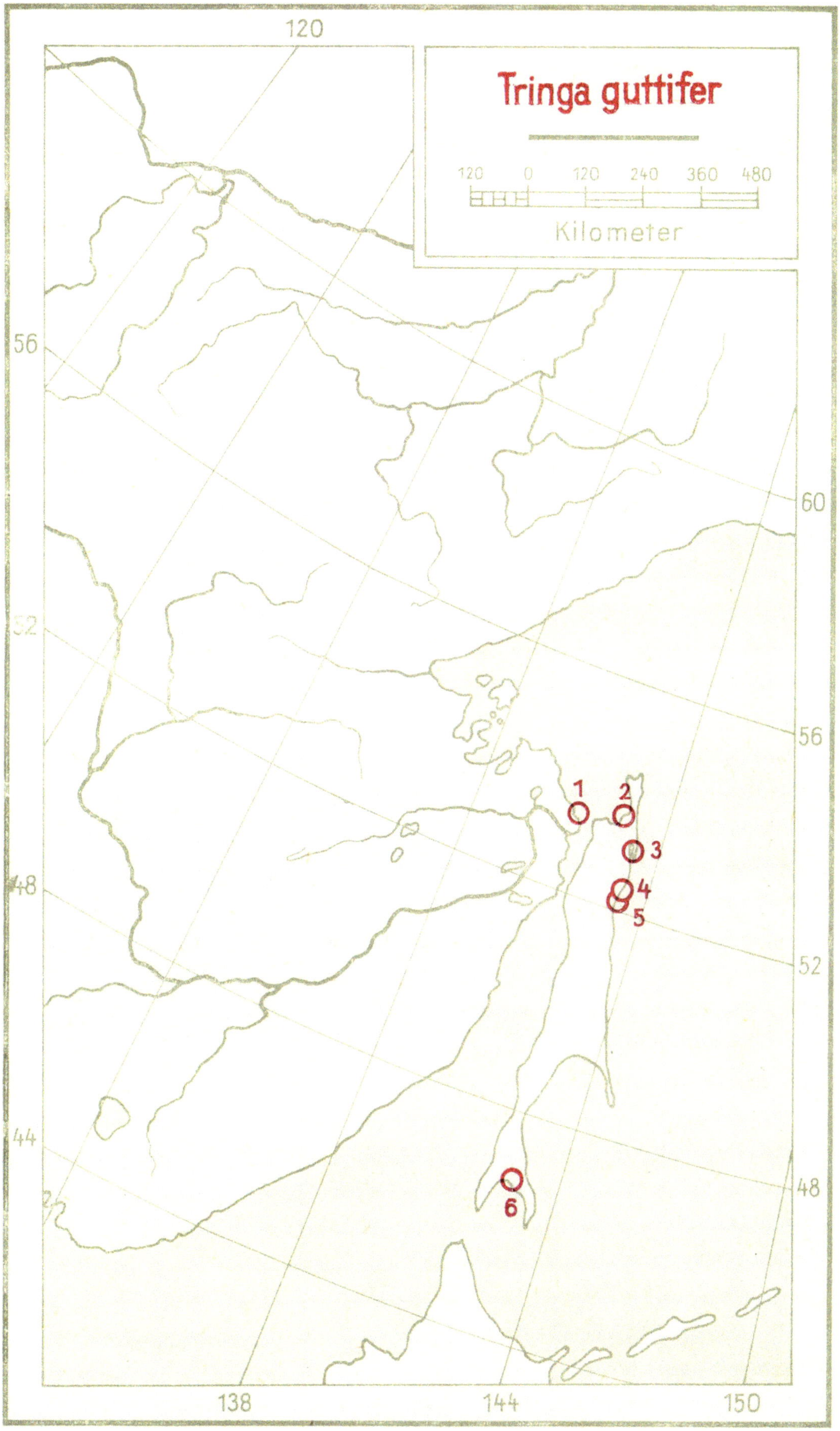
Tringa guttifer
120 0 120 240 360 480
Kilometer
120
56
52
48
44
60
56
52
48
138
144
150
1
2
3
4
5
6

FUNDORTLISTE

1. Stschastja-Bucht	AB	JACHONTOW 1962		AJ	TSCHERSKIJ 1915, HESSE 1915, Coll. Zool. Mus. Mosk. Staatl. Univ.; KOZLOWA 1961
2. Umgebung von Moskalwo	A	Coll. Zool. Mus. Mosk. Staatl. Univ.; NETSCHAJEW 1978	5. Dagi-Bucht (Ostufer)	AB	NETSCHAJEW 1978
3. Piltun-Bucht	B	NETSCHAJEW 1978	6. Aniwa-Bucht (Susuja (= Tsui)-Mündung	ABNJ	KURODA 1936
4. Tschajwo-Bucht (Ost- u. Süd-Ufer)	ABNJa	NETSCHAJEW 1978			

LITERATUR

ALI u. RIPLEY 1969 — Handb. Birds India, Pakistan. Bombay—London—New York. 2, 268—269.
ALLEN 1905 — Bull. Amer. Mus. Nat. Hist. 21, 239.
AUSTIN 1948 — Bull. Mus. Comp. Zool. Harvard 101, 120.
AUSTIN u. KURODA 1953 — Bull. Mus. Comp. Zool. Harvard 109, 421.
BUTURLIN 1910 — Mess. Orn. 4, 269—272.
BYTSCHKOW 1976 — Trudy Oksk. zapow. 13, 137—138.
Check-List of Japanese Birds 1974 — Tokyo. 117.
ERMANN 1848 — Reise um die Erde ... Berlin. 1, 3.
HESSE 1915 — J. Orn. 63, 357.
JACHONTOW 1962 — Ornitologija 5, 284—285.
KOZLOWA 1961 — Fauna SSSR. Pticy. 2/1. 2; n. s. 80. Moskwa—Leningrad. 400—405.
KURODA 1936 — Tori 9/43, 232—238.
LA TOUCHE 1933 — Handb. Birds Eastern China. London. 2, 379—380.
LÖNNBERG 1908 — J. Coll. Sci. Univ. Tokyo 23/14, 53.
MEDWAY u. WELLS 1976 — Birds Malay Peninsula. London—Kuala Lumpur. 5, 145.
NETSCHAJEW 1978 — Zool. Sh. 57/5, 727—737.
OMELKO 1956 — Trudy Dalnewost. fil. Akad. nauk SSSR, Zool. 3 (6), 340—341.
OMELKO 1962 — Soob. Dalnewost. fil. Sib. otd. Akad. nauk SSSR, ser. biol., 16, 119—123.
OMELKO 1971 — Trudy Biol.-potschw. inst. Dalnewost. nautsch. centra Akad. nauk SSSR, n. s. 6, 147.
SCHULPIN 1936 — Promysl., ochotn. i chischtschn. pticy Primorja. Wladiwostok. 359—360.
SHARPE 1896 — Cat. Birds Brit. Mus. London. 24, 479—480.
SMYTHIES 1968 — Birds Borneo. Edinburgh—London. 204.
STEJNEGER 1885 — Bull. Unit. States Nat. Mus. 29, 124.
STEPANJAN 1975 — Sostaw i raspred. ptic fauny SSSR. Non-Passeriformes. Moskwa. 180.
TSCHERSKIJ 1915 — Zap. ob. izutsch. Amursk. kraja 14, 171.
VAURIE 1965 — Birds Palearct. Fauna. Non-Passeriformes. London. 414.

Tringa guttifer (Nordmann)

Kurzfuß-Wasserläufer

Verwandtschaft

Die verwandtschaftlichen Beziehungen dieser monotypischen Art sind bis heute noch nicht endgültig geklärt. Die Mehrzahl der Systematiker stellt sie zwischen *Tringa nebularia* (Gunnerus), *T. melanoleuca* (Gmelin) und den ihr nahen *T. totanus* (L.) oder *T. ochropus* L. und *T. glareola* L. und sogar *T. stagnatilis* (Bechstein). Nach heutigen Erkenntnissen zu urteilen, ist die Verwandtschaft mit *T. nebularia* und *T. totanus* am wahrscheinlichsten (STEPANJAN 1975, NETSCHAJEW 1978).

Zur Verbreitung

Reliktart mit sehr begrenztem, offenbar noch nicht völlig erforschtem Areal, die sich zusehends immer mehr verringert. *Tringa guttifer* brütet in tiefliegenden versumpften Abschnitten der Uferzone Nord-Sachalins (Ost- und Südküste der Tschajwo-Bucht, Ostküste der Dagi-Bucht und ihren Verbindungskanälen, Piltun-Bucht) und in der Aniwa-Bucht im Süden Sachalins, wo an der Susuja-Mündung 1935 und 1936 eine Kolonie existierte. Nach Angaben NETSCHAJEWS (1978), der sich vom 18. 5. bis 2. 6. 1976 in der Susuja-Mündung aufhielt, kam *Tringa guttifer* dort nicht mehr vor, was vermuten läßt, daß die Art heute in dieser Gegend (P. 6) nicht mehr brütet. Unkontrollierte Jagd nach den Vögeln und die Nähe von Siedlungen dürften das Verschwinden wesentlich begünstigt haben. Die Annahme liegt nahe, daß im Norden Sachalins noch isolierte Vorkommen dort existieren können, wo es Küstenstrecken gibt, die reich an seichten Lagunen und weit ins Festland ragenden Buchten sind, aber ebenso auch an Seen mit feuchten, mitunter sumpfigen Ufern, die an außergewöhnlich versumpfte Lärchenwälder grenzen. Möglicherweise können auch an günstigen Stellen des Festlandes, z. B. in der Stschastja-Bucht, vis-a-vis Sachalin, Brutstätten vorhanden sein. Im Ganzen überschreitet das Brutgebiet von *Tringa guttifer* wahrscheinlich nicht die Grenze der Küstenaquatorien des südwestlichen Ochotskischen Meeres.

Oekologie

Tringa guttifer brütet in Nord-Sachalin (Tschajwo-Bucht) am Rande lichter Lärchenwälder, 200—250 m vom Meeresufer entfernt. Die Mehrzahl der Nester (4 von 5) fand NETSCHAJEW (1978) in versumpften Lärchenwäldern (Mari) mit Sumpfporst, Trunkelbeere, Gagelstrauch und Middendorf-Birke oder einzelnem Gesträuch von Zirbelkriechholz auf höheren Lagen. Sämtliche Nester waren unweit (10—100 m) von Seen und 0,5—1,5 km vom Meer gelegen. Ein Nest befand sich im trockenen Lärchenwald, unterwachsen mit Zirbelkriechholz und Middendorf-Birke, 100 m vom Fluß, der mit einem Dickicht aus Porst und Gagelstrauch bewachsen war, entfernt, 2,5 km abseits des Buchtufers. Entlang der Küste bilden sich in großen Abständen lichte Brutkolonien, da *Tringa guttifer* keinen geschlossenen Uferstreifen besiedelt. Die Entfernung zwischen den einzelnen Nestern beträgt 50—70 m bis 1 km. Am Südufer der Tschajwo-Bucht stellte NETSCHAJEW (1978) in den Jahren 1975 und 1976 zehn Brutpaare fest, 1976 am Ostufer aber nur 4 Paare.

Die Nester werden auf Bäumen gebaut. Im Unterschied zu den meisten Arten der Gattung *Tringa* fertigt *T. guttifer* ihr Nest von Anfang an selbst. Das Material, Zweigchen und Flechtenstückchen, wird nicht nur auf dem Erdboden gesammelt, sondern auch mit Hilfe des Schnabels von Bäumen gerissen. Männchen und Weibchen bauen zusammen, ersteres aber aktiver.

Die 5 von NETSCHAJEW (1978) beobachteten Nester befanden sich auf Lärchen, ungefähr 2—4,5 m vom Erdboden entfernt: 3 Nester in einer Astgabel am Hauptstamm, 2 Nester auf Ästen in 0,5—1 m Entfernung vom Stamm. Das Nest ist verhältnismäßig locker mit schwach ausgeprägter Mulde; der Unterbau besteht aus dünnen trockenen Lärchenästchen, die mit einer Schicht aus Bartflechten (*Alectoria* spec.) abgedeckt sind.

Ab Ende Mai bis zur ersten Dekade Juni erfolgt der Nestbau, und die Eiablage beginnt; mitunter kommen auch einige Spätgelege vor, doch im allgemeinen fällt im Gesamtareal die Vermehrung in den gleichen Zeitraum. Ein Weibchen mit legereifem Ei wurde am 31. 5. 1936 in Süd-Sachalin erlegt (KURODA 1936); in Nord-Sachalin erfolgt die Eiablage in der ersten Junihälfte: 1. Nest: Am 11. 6. ein Ei, am 12. 6. zwei Eier. — 2. Nest: Am 12. 6. Vollgelege. — 3. Nest: Am 17. 6. Vollgelege (NETSCHAJEW 1978). Am 10. 6. 1960 wurde in der Stschastja-Bucht (N der Amur-Mündung) ein Weibchen mit einem fast legereifem Ei geschossen (JACHONTOW 1962).

In der Tschajwo-Bucht (Nord-Sachalin) waren am 27. 6. 1976 die Jungen in einigen Nestern bereits geschlüpft, andere hatten die Nester schon verlassen und hielten sich in ihrer Nähe auf. Am 29. 6. wanderte ein Trupp Altvögel mit Jungen vom Brut- zum Nahrungsplatz an die Meeresküste. Für einen Weg von 150 m benötigten die Jungvögel 2 Stunden. Nach NETSCHAJEW (1978) hatten 1976 sämtliche Brutpaare aus diesem Gebiet ihre Jungen bis zum 5. 7. an die Buchtküste verlagert. Eine Brut ungefähr zwei Wochen alter Jungen, die am 5. 7. 1936 auf den Sumpfwiesen des Susuja-Deltas (Süd-Sachalin; KURODA 1936) gefunden wurden, entfernten sich anscheinend auch gerade vom Brutort. Zwischen dem 29. 6. und 3. 7. 1975 beobachtete man an der Küste der Tschajwo-Bucht eine Brut von Dunenjungen im dichten Gras, das das Seeufer umsäumt.

Ein Gelege je Saison ist die Regel, ein Nachgelege nach Verlust wird nicht gezeitigt (NETSCHAJEW 1978).

Das Vollgelege besteht aus 4 Eiern; die Grundfarbe ist bläulich-grün und hat verstreut tief aschgraue und oberflächliche dunkelbraune Flecken, teils schwarze Striche, die am stumpfen Pol gehäuft auftreten. Die Größe der Flecken und ihre Anzahl variieren. Eimaße: (8) 47—51,5 × 34—35,5 mm, Mittelwert: 49,2—34,8 mm (NETSCHAJEW 1978). Zur Brut- und Zugzeit, aber auch im Winterquartier dienen schlammige Ufer, während bei Ebbe freie Meeresbuchten oder Seichtwasserseen an Flußmündungen den Vögeln als Nahrungsquellen. Hauptbestandteil des Futters sind kleine Fische, vor allem Stichlinge *(Pungitius pungitius, Gasterosteus aculeatus)* und ihr Laich, aber auch Borstenwürmer, kleine Krebstiere, Wasser-, seltener Landkäfer (KURODA 1936, NETSCHAJEW 1978). Auf der Insel Tjulenij dienten zur Zugzeit ebenfalls Stratiomydae und ihre Larven (BYTSCHKOW 1976) als Futter.

Wanderungen

Zugvogel, mit Überwinterungsgebiet in Südost-Asien. Konkrete Angaben über die Winteraufenthalte sind nicht zahlreich und lückenhaft. Aus China liegen nur Funde vom 21. 11. aus Foochow und vom 3. 2. von Hainan (LA TOUCHE 1933) vor. Süd-Burma: 10., 18., 30. 12., 3. 1. (SHARPE 1896), 12. 4. (KOZLOWA 1961); während des Winters im Küstenbereich der Halbinsel Malakka in unbedeutender Zahl zwischen Surat und Selangore gefunden (MEDWAY u. WELLS 1976); im Februar und am 21. 11. auf Kalimantan (Borneo) Exemplare erlegt (SMYTHIES 1968). Als seltene Wintergäste auch in Assam und Bangladesh (ALI u. RIPLEY 1969), Taiwan und Philippinen (VAURIE 1965).

Auf der Halbinsel Malakka hielten sich die letzten Überwinterer bis zum 18. 5. auf (Selangore; MEDWAY u. WELLS 1976). Durchzügler wurden auf der De-Vries-Halbinsel (im Südprimorje) am 15. 5. 1968 und 16. 5. 1967 (OMELKO 1971) und an der Mündung des Schmidtowka-Flusses am 26. 5. 1959 (OMELKO 1962) beobachtet; zuweilen erscheinen sie im Mai auf der Insel Tjulenij bei Sachalin (BYTSCHKOW 1976). Zügler aus dem Monat Mai stammen von der Amur-Mündung (SCHULPIN 1936). Unweit des Brutgebietes, in der Stschastja-Bucht, erschienen 1960 die ersten am 24. 5. (JACHONTOW 1962); in Süd-Sachalin, in der Susuja-Mündung, wurden am 19. 5. 1906 einige Exemplare erlegt (LÖNNBERG 1908); 1936 kamen die ersten dort am 21. 5. an, hielten sich am Ufer der Bucht bis zum 7. 6. auf und zogen dann zum Brutgebiet ins Innere der Niederung (KURODA 1936). In Nord-Sachalin (Tschajwo-Bucht) fällt die Ankunft in die dritte Mai-Dekade (NETSCHAJEW 1978).

Zur Zeit des Frühjahrszuges streift die Mehrzahl der ziehenden Vögel nördlicher und östlicher gelegene Gegenden vom Brutgebiet: 22. 5. 1883 die Bering-Insel, 24. 5. 1883 das Awatscha-Delta (STEJNEGER 1885); 31. 5. die Ochota-Mündung (ERMANN 1848). Es handelt sich dabei um Einzelgänger oder Gruppen, vermischt mit *Tringa nebularis*, mit der sie auch zusammen überwintern. Es ist nicht auszuschließen, daß es sich teilweise um herumstreifende Exemplare handelt, die nicht brüten und übersommern, wie z.B. drei Exemplare vom 2. 8. bei Gishiga (ALLEN 1905).

Der Abflug der erwachsenen Vögel aus den Brutgebieten erfolgt in Nord-Sachalin Ende Juli—erste Hälfte August, der der Jungen aus der diesjährigen Brut Ende August—erste Hälfte September (NETSCHAJEW 1978). Bereits Ende Juli wurde Mittel-Sachalin erreicht, wo am 31. 7. und 3. 8. Trupps von 4—5 Exemplaren erschienen; in geringer Zahl wird im Herbst auch die Insel Tjulenij überflogen; im September Schwärme von 3—5 bis 10 Stück; im Oktober erreichen am Meeresufer die Trupps einige 10 Stück; im November ist der Zug dort abgeschlossen (BYTSCHKOW 1976). In Süd-Sachalin, in der Aniwa-Bucht, war der Abflug 1935 am 8. August beendet (KURODA 1936). Auf dem Festland, im Amur-Liman nahe der Insel Langr (Insel Bajdukowa), wurden am 28. 8. 1909 (BUTURLIN 1910) und beim Dorf Troickoje am Chanka-See am 27. 8. 1909 (KOZLOWA 1961) Junge erbeutet; auf der De-Vries-Halbinsel im südlichen Primorje sind Durchzügler nachgewiesen worden am 13. 7. 1956 (OMELKO 1962), vom 4.—9. 8. 1952 (OMELKO 1956), vom 25.—27. 8. 1968 und am 28. 8. 1969 (OMELKO 1971). Vereinzelte, anscheinend umherstreifende Exemplare, streben schon Anfang August ihren Winterquartieren auf der Halbinsel Malakka zu, z.B. am 2. 8. in Singapur (MEDWAY u. WELLS 1976). Normalerweise verläuft aber noch im September der Zug durch Japan (Hokkaido, Hondo, Kiuschiu; AUSTIN u. KURODA 1953, Check-List 1974) und Korea (AUSTIN 1948).

XI

1983

Rhodostethia rosea MacGillivray

bearbeitet von

I. A. NEUFELDT und K. WUNDERLICH

(siehe unten). Exemplare: Auf der Bering-Insel (Kommandeurs-Inseln) sammelte SOKOLNIKOW 2 (einjährige) Exemplare am 2. Dezember 1908, 1 ad. ♂ am 7. Dezember 1911 und 1 ad. ♀ am 15. März 1914 (PORTENKO 1973); 1 Vogel am 10. Dezember 1895 leg. von GREBNIZKI (STEJNEGER 1898). Von Kunaschir (Kurilen) wurde am 9. Januar 1963 ein einzelner über dem Meer gemeldet; am 9. und 11. Januar sind an der Uferlinie Überreste zweier Stücke gefunden worden, vermutlich Sturmopfer (NETSCHAJEW 1965).

Im pazifischen Bereich wandert die Art außerhalb der Brutzeit weit nach Süden, so in die Mandschurei — SOBOTAI (KURODA 1918).

2. Im atlantischen Sektor sowohl ,,pelagisch", im offenen Ozean, als auch in Küstennähe und Randmeeren (norwegische Gewässer, Nordmeer) angetroffen worden. Je nach Randlage des treibenden Eises ,,driften" vom Spätherbst zum Winter hin die meisten Nichtbrüter (die ansonsten in den arktischen Meereisfeldern, vorzugsweise in Barentssee und grönländischen Gewässern, siehe unten, weit umherstreifen) allmählich südwärts. Stücke: Färöer am 1. Februar (BENT 1921); Shetlands im Januar 1972 und 1975 (DENSLEY 1977b); N-Schottland 4 Nachweise im Januar (DENSLEY 1977b); SW-Norwegen am 1. Januar 1949 (LøVENSKIOLD 1947—1949); Großbritannien, Yorkshire, 22. Dezember 1846 oder Februar 1847 (NELSON 1907 fide BANNERMAN 1962), Scalby Ende März 1976 (DENSLEY 1977b); auf Helgoland am 5. Februar 1858 festgestellt (HARTERT 1912—1921).

Einzelne streichen extrem weit nach Süden. So gibt es Sichtnachweise von der französischen Küste, 22. Dezember 1913 (HARTERT 1912—1921), sogar der Südküste Sardiniens, Januar 1906 (BENT 1921). Augenscheinlich aus der kanadischen Arktis in die USA gestrichen: Salisbury (Mass.) März 1975 (DENSLEY 1977b), Umgebung von Chicago, Ende November—Dezember 1978 (BALCH et al. 1979).

Zur Wanderbewegung von den pazifischen Winteraufenthaltsorten zu den Brutplätzen: Wahrscheinlich alle in Brutstimmung befindlichen und ein Teil Nichtbrüter ziehen im Frühling durch den Kontinent in NW-W-Richtung, ins Kolyma-Becken. Von dort verteilen sie sich über die Nistorte. Zuweilen kann man sie im Mai noch sehr weit vom Brutgebiet entfernt antreffen, so 1935 zweimal am Eingang der Laperouse-Bucht (PORTENKO 1973), 9. Mai 1971 nahe Dolinsk, S-Sachalin (WORONOW u. WORONOW 1980), 25. Mai 1911 auf St. George (Pribilovs) — EVERMANN 1913. Gleichfalls wurde bekannt, daß sie sich im Mai der Küste näherten und daß Ende Mai/Anfang Juni — als auf den großen Flüssen der Eisgang einsetzte, die an kompaktes Eis grenzenden Meeresuferpartien frei wurden und die Seen aufbrachen — die Masse der Vögel eintraf und weiterzog. Am 10. Mai 1966 1 Exemplar vor der Karaginskij-Insel (WELISHANIN 1976). In der zweiten Maihälfte bis zum 3. Juni 1932 flogen ,,ziemlich viele" am Anadyr bei Markowo (PORTENKO 1939), am 11. Juni 1903 wurde dort 1 Stück gesammelt (Coll. Zool. Inst. Leningrad). In der Geka-Bucht (vor dem Korjakenhochland) vom 13.—20. Juni 1976 einzelne Vögel und Gruppen, am 4. Juni 1977 ein Flug von 20 (FIRSOWA, LEWADA, im Dr.).

Im Kolyma-Bassin (noch vor dem eigentlichen Brutgebiet) Exemplar bei Werchne-Kolymsk am 1. Juni 1982 leg. (Coll. Zool. Inst. Leningrad). Auf den Arylach-Seen an der mittleren Kolyma wurde 1 Paar am 19. Mai beobachtet, weiteres Zuggeschehen dort bis zum 6. Juni (BUJAKOWITSCH 1952). Überhinziehender Flug bei Shirkowo am 17. Mai 1967, am Omolon-Mittellauf spätester Heimzug zwischen 1969 und 1972 und 1974 Ende Mai (KRETSCHMAR et al. 1978). Die frühesten Kolyma-Daten (schon im Areal) stammen aus dem Raum Sredne-Kolymsk (26., 29., 31. Mai — SKALON 1956, Coll. Zool. Inst. Leningrad). Am Unterlauf bei Pochodsk zogen die ersten am 30. Mai 1905; viele Flüge, aus Paaren bestehend, vom 31. Mai bis 1. Juni (BUTURLIN 1905, 1934); in Tschukotschja-Nähe ausgeprägter Zug zwischen 27. und 30. Mai (WOROBJEW 1963). Solcher über die Tschuktschen-Halbinsel ist nicht bemerkt worden (PORTENKO 1973). Rosenmöwen flogen ins Brutgebiet unterer Tschaun vermutlich aus dem Kolyma-Delta ein, wo BUTURLIN (1905) ab 3. Juni deutlich abnehmende Kopfzahl feststellte.

An der Alazeja (Andrjuschkino) sind erste Schwärme und Paare, die von SE herankamen und vermutlich zur Kolyma wollten, am 30. Mai 1963 notiert worden (WOROBJEW 1967).

Richtung westlichen Teil des Brutgebietes beginnen die Vögel schon ab der Breite von Sredne-Kolymsk einzuschlagen. An der unteren Indigirka setzte bei Bereljocha (= Bereljach) der Herzug 1960 am 1. Juni ein (WOROBJEW 1963), und an der Russkoje Ustje konstatierte MICHEL (1935) erste Zügler am 8. Juni; vom 14.—15. Juni war der Zug besonders rege. An den Unterläufen von Tschondon, Jana und Omoloj schwankten die Frühjahrs-Kopfzahlen über die Jahre; zeitigste Rosenmöwen bei der Siedlung Kazatsche am 29. Mai, an der Niederlassung Tumat am 6. Juni (ROSCHTSCHEWSKIJ 1976). Zuweilen ziehen welche Jana-aufwärts bis Werchojansk (BUTURLIN 1906, WOROBJEW 1963).

Vereinzelte Gruppen mit SE-NW-Kurs werden in der zweiten Mai-Hälfte bis Anfang Juni regelmäßig bei Tiksi beobachtet, auf Inseln und an Seen im Trichter der Lena-Mündung sowie am unteren Olenjok (GRIGORJEW 1976). Wahrscheinlich begibt sich ein Teil von ihnen zu mehr westlichen Brutplätzen (E-Taimyr), an denen er sich sehr spät einfindet: Früheste Ankömmlinge im Bassin der Bolschaja Balachnja am 23. Juni, am 28. Juni an dort gelegenen Seen 10 Exemplare, am 2. Juli 90—100 (PAWLOW, DOROGOW 1976).

Zum Abzug von Nichtbrütern aus dem Areal: Ein kleiner Teil Nichtbrüter (vorjährige und irgendwelche Junggesellen) hält sich einige Zeit an den Brutplätzen auf, speziell dort, wo an auftauenden Seen und auf Untiefen bei Überschwemmungen Nahrung konzentriert gewonnen werden kann. So sind in den Kolonien stets eine ganze Menge, in manchen Jahren auffallend viele auszumachen, die weder Nester noch Gelege haben. Dazu gesellen sich dann Paare, die ihre Gelege verloren haben (siehe ,,Ökologie"). In der Periode des Schlüpfens wird die Zahl der Vögel zusehends kleiner. Beispielsweise waren in E-Taimyr von 50 Paaren, die Anfang Juli die Kolonie bevölkerten, am 22. Juli (als die Jungen zu erscheinen begannen) nur noch 10 brütende übriggeblieben; die anderen hatten sich zerstreut (PAWLOW, DOROGOW 1976). Sie wenden sich

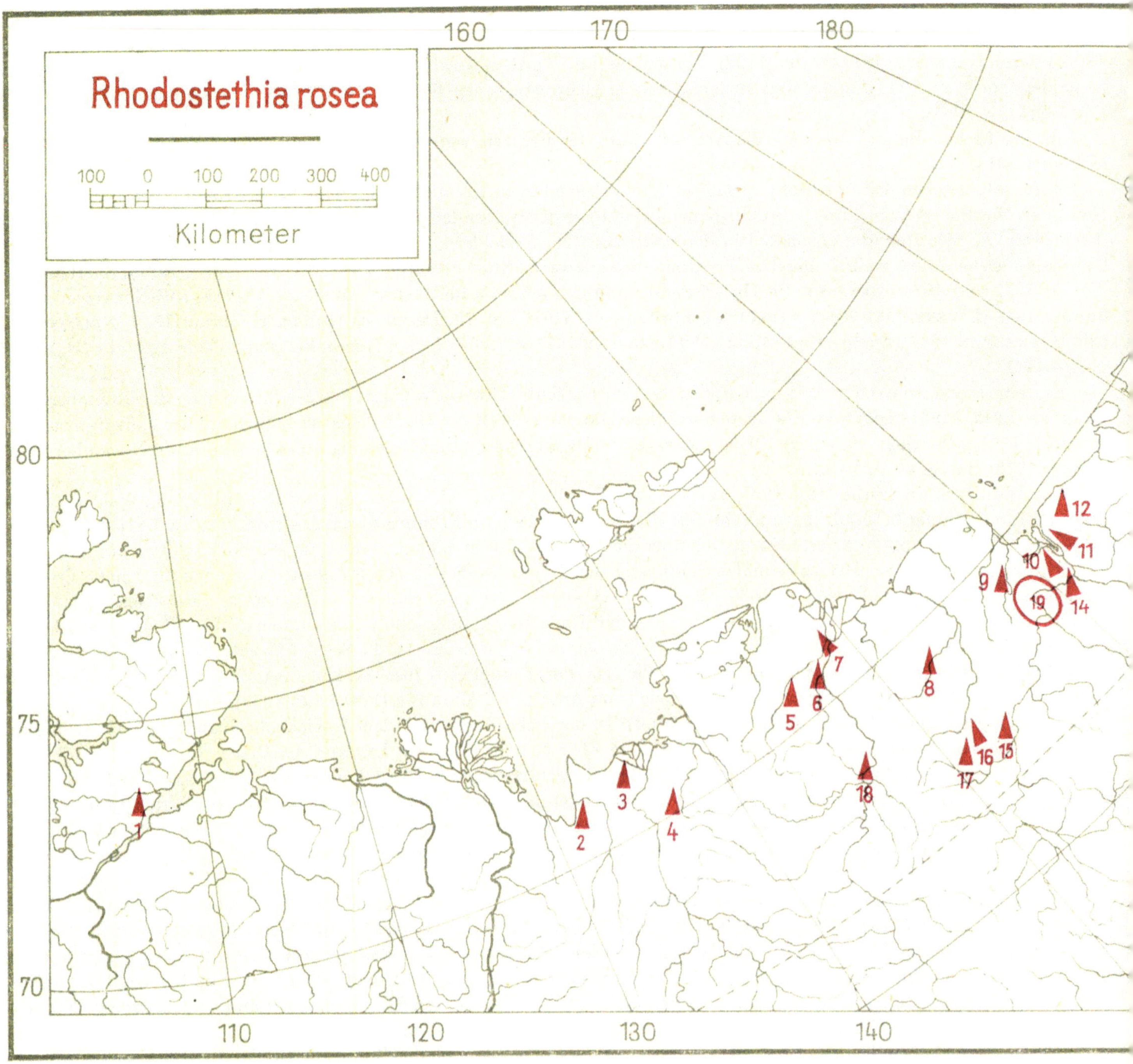

FUNDORTLISTE

Fundort		Quelle
1. Fluß Bolschaja Balachnja, 35 km vor Mündung	NJ	Pawlow, Dorogow 1976
2. Omoloj-Mündung	AJ	Coll. Zool. Inst. Leningrad
3. Kuogastach	N	Perelomow 1976
4. Fluß Tschondon (71° N)	N	Roschtschewskij 1976
5. Bereljach (= Bereljoch = Tjobjuljach)	AN	Worobjew 1963; Tomkowitsch, Flint 1974
6. Tschokudrach	N	Tomkowitsch, Flint 1974
7. Russkoje Ustje	N	Buturlin 1906
	N	Michel 1935
	A	Coll. Zool. Inst. Leningrad
8. Andrjuschkino (= Andrjuschka)	ANJ	Worobjew 1967
9. Konkowaja	ANJ	Worobjew 1963
10. Pochodskoje (= Pochodsk)	ANJ	Buturlin 1905, 1906; Coll. Zool. Inst. Leningrad
11. Sucharnoje	NJ	Buturlin 1905, 1906
12. Fluß Bolschaja Baranicha (S Kap Baranicha)	B	Schaanning 1928
13. Tschaun-Mündung	NJ	Andrejew brfl. 1979
14. Nishne-Kolymsk	A	Coll. Zool. Inst. Leningrad
15. Sredne-Kolymsk	BJ	Buturlin 1906
16. Malaja	B	Buturlin 1905, 1906
17. Swataj	B	Kretschmar et al. 1978
18. Abyj	A	Buturlin 1906
19. Omolon-Mündung	NJ	Andrejew brfl. 1979

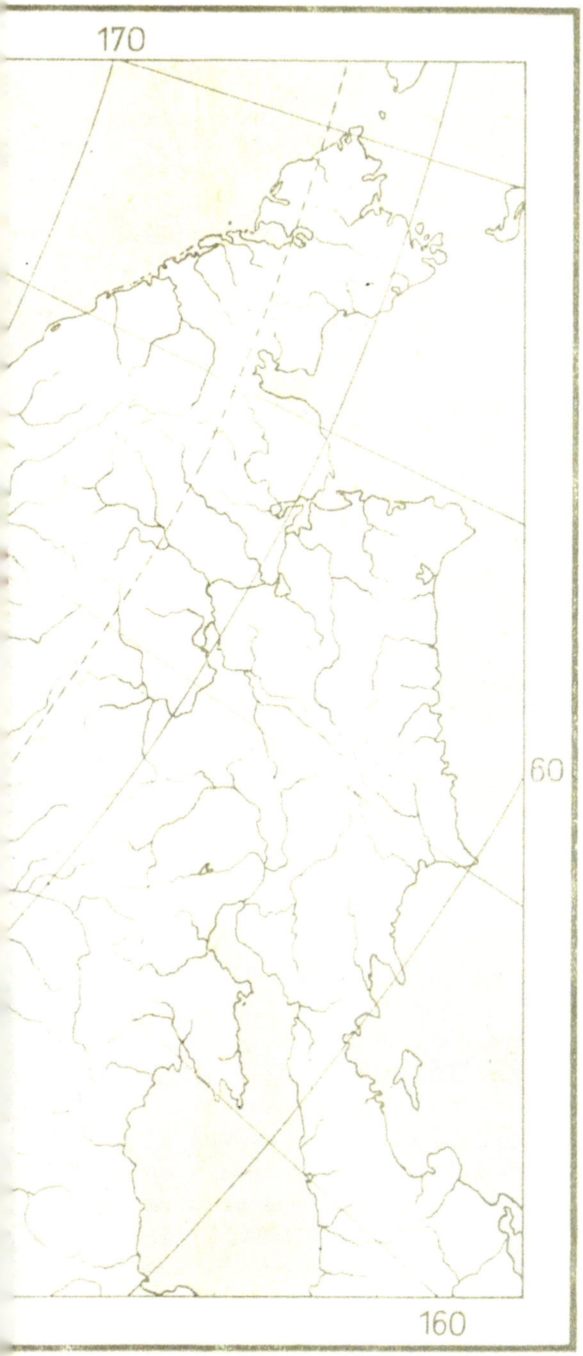

LITERATUR

Andrée et al. 1930 — Med Örnen mot Polen. Stockholm. 399–432.

Bailey 1925 — Condor 27, 108–109.

Bailey 1948 — Colorado Mus. Nat. Hist. 8, 250–252.

Balch et al. 1979 — Amer. Birds 33, 140–142.

Bannerman 1962 — Birds Brit. Isles. Edinburgh–London. 11, 220–227.

Bent 1921 — Bull. U. S. Nat. Mus. 113, 183–191.

Birula 1907 — Zap. Akad. nauk, fiz.-mat. otd. 18, 55–58.

Bujakowitsch 1952 — Ochrana prirody 15, 119–121.

Buturlin 1905 — Psowaja i rushejnaja ochota 11–12, 1–25.

Buturlin 1906 — Ibis 8 (6), 131–139, 333–337, 661–666.

Buturlin 1934 — Poln. opreg. ptic SSSR 1. Moskwa – Leningrad. 138–144.

Collett, Nansen 1900 — Norweg. North Polar Exped. 1893–1896. London 1, 27, 48.

Dalgleish 1886 — Auk 3, 273–274.

De Long 1883 — Voyage „Jeanette“ 2, 151, 385–387, 390, 616.

Densley 1977a — Polar Record 18, 603–605.

Densley 1977b — Scott. Birds 9, 334–342.

Densley 1979 — Brit. Birds 72, 23–28.

Evermann 1913 — Auk 30, 16.

Firsowa, Lewada 1980 — Ornitologija, im Druck

Godfrey 1966 — Birds Canada. Ottawa. 187.

Grigorjew 1976 — Trudy Oksk. zapow. 13, 178.

Hartert 1912–1921 — Vögel paläarkt. Fauna. Berlin. 2, 1718–1720.

Jackson 1899 — Thousand days in the Arctic. London. 2, 321, 403.

Jaques 1930 — Auk 47, 360.

Jobling 1960 — Brit. Birds 53, 444.

Judin 1964 — Trudy Arkt. i Antarkt. Inst. 259, 401–403.

King 1974 — Brit. Birds 67, 477–478.

Kist 1959 — Brit. Birds 52, 422–424.

Kretschmar et al. 1978 — Ekol. i rasprostr. ptic na sew.-wost. SSSR. Moskwa. 66, 174.

Kuroda 1918 — Annot. Zool. Japon. 9, 519.

Lönnberg 1931 — Geogr. Ann. 13, 149, 150.

Løvenskiold 1947–1949 — Håndbok over Norges Fugler. Oslo. 785.

Løvenskiold 1954 — Norsk Polarinstitutt Skrifter 103, 79.

Løvenskiold 1964 — Norsk Polarinstitutt Skrifter 129, 258–261.

Michel 1935 — Trudy Arkt. Inst. 31, Biol., 65–67.

Murdoch 1885 — Rep. Int. Polar Exped. to Point Barrow, Alaska 4. Washington. 104–128.

Nelson 1887 — Arct. Ser. Publ. Sign. Serv. U. S. Army 3, pt. 1, Birds of Alaska. Washington.

Nelson 1907 — Birds of Yorkshire. 2, 665–667.

Netschajew 1965 — Ornitologija 7, 124.

Newcomb 1888 — Our lost explorers, the narrative of the Jeanette Arctic Expedition. Hartford (Conn.). 282, 289.

Palmén 1887 — Vega – expeditiones vetenskapliga iakttagelser. Stockholm. 5, 241–511.

Parry 1828 — Narrative of an Attempt to reach the North Pole. London. 81, 87, 89, 110.

Pawlow, Dorogow 1976 — Ornitologija 12, 240, 241.

Perelomow 1976 — Trudy Oksk. zapow. 13, 179.

Pleske 1928 — Mem. Boston Soc. Nat. Hist. 6, 217–222.

Portenko 1939 — Fauna Anadyr Region. Birds. Leningrad. 2, 10, 11.

Portenko 1973 — Pticy Tschukot. poluostr. i ostr. Wrangelja. Leningrad. 2, 56–61.

Riley 1918 — Proc. U. S. Nat. Mus. 54, 612.

Roschtschewskij 1976 — Trudy Oksk. zapow. 13, 176–178.

Salomonsen 1950 — Grønlands Fugle. København. 332, 333.

Schaanning 1928 — Medd. Zool. Mus. Oslo 15, 8–10.

Seebohm 1886 — Proc. Zool. Soc. London. 82.

Skalon 1956 — Izw. Biol.-Geogr. Inst. Irkutsk. Uniw. 16, 246.

Spaans 1959 — Limosa 32, 1–7.

Stejneger 1898 — Auk 15, 183.

Stone 1900 — Proc. Acad. Nat. Sci. Philadelphia 5, 13.

Tomkowitsch, Flint 1974 — Mat. VI. Wsesojuzn. Orn. Konf. Moskwa. 1, 245.

Uspenskij 1969 — Shizn w wysokich schirotach. Moskwa. 167.

Vanables u. Vanables 1955 — Birds and Mammals of Shetland. Edinburgh–London. 302.

WATSON u. DIVOKY 1972 Ecol. survey eastern Chukchi Sea, Sept.—Oct. 1970 (Rep. 50). Washington. 119—120, 124—126.

WELISHANIN 1976 Trudy Oksk. zapow. 13, 176.

WOROBJEW 1963 Pticy Jakutii. Moskwa. 142—147.

WOROBJEW 1967 Ornitologija 8, 156.

WORONOW u. WORONOW 1980 Bjull. Mosk. Ob. ispyt. prirody. otd. biol. 85, 45.

Briefliche Auskunft gab ANDREJEW (Unterläufe von Tschaun u. Omolon).

Rhodostethia rosea MacGillivray

Rosenmöwe

Zur Verbreitung

Einzige monotypische Art der Gattung *Rhodostethia*. Tertiäres Relikt in der arktischen Avifauna. Als Brutvogel in geringer Zahl und territorial beschränkt, endemisch für die UdSSR.

Die aktuelle, ein zerrissenes Bild abgebende Brutverbreitung reicht über die flache seendurchsetzte Tundra (ausgenommen die regelrecht arktische) und die Waldtundra Ostsibiriens bei 68 °N. Vom Brutplatz hauptsächlich aus dem Gebiet zwischen Jana und Kolyma bekannt geworden — nach Süden vom Kolyma-Unterlauf bis Sredne-Kolymsk (67° 30′) und Malaja (68° 10′); von der unteren Indigirka wahrscheinlich bis Abyj (68° 30′), auch im Zwischenstromland von Jana und Chroma — bis 71 °N. Möglicherweise brüten einzelne Paare sporadisch an der Peripherie dieses Gebietes, so nach Westen (Omoloj-Unterlauf und Jana-Delta) und Osten (Bolschaja Baranicha). Über den zuletzt genannten Fluß hinaus vergrößert sich das Brutgebiet allmählich ostwärts zum unteren Tschaun. Entgegen den Angaben in vielen Handbüchern brüten die Vögel nicht auf der Insel Ajon im Tschaun-Meerbusen (ANDREJEW brfl. 1979).

Eine isolierte Kolonie ist unlängst im Osten der Halbinsel Taimyr, am Unterlauf der Bolschaja Balachnja, entdeckt worden.

Die Kopfgesamtzahl ist nicht groß, bemerkenswertes Anwachsen ist nicht auszumachen. Jeglicher Fortpflanzungserfolg (siehe „Ökologie“) hängt stark vom außerordentlich unbeständigen arktischen Wettergeschehen ab. All das macht die Art sehr verwundbar und nötigt dazu, sie permanent zu schützen. In Jakutien, auf dessen Territorium sich das größte und wesentliche Brutvorkommen befindet, steht sie seit 1949 absolut unter dem Schutz des Gesetzes. Als seltener Vogel wird sie im Roten Buch der UdSSR geführt.

Fälle gelegentlicher Brutansiedlung seitens einzelner Paare und sogar Weibchen könnten auf die Lage einstiger Brutplätze hindeuten, so in artuntypischen Habitaten in Räumen regulärer Streifereien brutunreifer Stücke (vgl. „Wanderungen“). Drei sind beschrieben worden, wenn auch nur einer unstrittig ist: 1. Auf Meighen (etwa 80° n. Br., 100° ö. L., kanadische Sverdrup Islands) „beobachtete STEFANSSON am 18. Juni 1916 ‚ein brütendes Pärchen‘“ (BUTURLIN 1934).

2. In der Disko-Bucht (W-Grönland) wurde am 15. Juni 1885 ein Brutpaar aufgefunden; sowohl ♂ als auch ♀ (beide mit Brutflecken) wurden gesammelt, 2 Eier dem Nest entnommen (DALGLEISH 1886, SEEBOHM 1886, SALOMONSEN 1950).

3. Wie SAMUELSEN mitteilte, flogen im April 1955 am Kap Linné auf Spitzbergen höchstwahrscheinlich Rosenmöwen. Ebendort erschien Ende Mai 1 ♀, das binnen 10 Tagen ein Nest baute und 1 Ei legte (LØVENSKIOLD 1964).

Möglicherweise rühren derartige Begebenheiten von adult gewordenen Stücken her, die den Zug in die angestammte Brutheimat „verpaßt“ hatten bzw. nach dort unterwegs waren.

Oekologie

Die Brutplätze der Rosenmöwen sind sehr charakteristisch und im ganzen Areal überaus ähnlich. Sie liegen in sumpfigen Seenkesseln oder auch in teils von Frühjahrshochwasser überschwemmten Niederungen in flacher und Waldtundra, fern vom Meer. Die Nester werden auf feuchten, mit Bülten versehenen Seeufern oder bei Niedrigwasser auf Moos- und Grasinselchen in Ufernähe angelegt, meist in unmittelbarer Brutnachbarschaft zu Küstenseeschwalben *(Sterna paradisaea)* und Wassertretern *(Phalaropus fulicarius* u. *Ph. lobatus)*. Etwas weiter weg — auf Erhebungen inmitten der Sumpfflächen — brüten nicht selten Silbermöwen *(Larus argentatus)* und Schwalbenmöwen *(Larus sabini)*. *Rh. rosea* nistet sowohl paarweise als auch in lockeren Kolonien von 2—3 bis 10—20 Paaren. In einer Kolonie aus 11 Paaren an der unteren Kolyma brütete jedes auf einem Inselchen für sich (WOROBJEW 1963). 4 von 5 Nestern, die man in E-Taimyr fand, lagen 5 bis 15 m auseinander und nur eines 300 m weiter weg (PAWLOW, DOROGOW 1976). In einer Kolonie mit 5 Nestern im Tschondon-Bassin betrugen die Abstände jeweils ca. 100 m (ROSCHTSCHEWSKIJ 1976). Das Nest selbst ist in von den Vögeln in weichem Moos oder Ried ausgetretenen Vertiefungen, mit trockenen *Carex* und *Arctofila* ausgepolstert, gelegentlich mit Moos, zusätzlich *Betula*- und *Salix*-Laub vervollkommnet.

Die Brutperiode ist kurz. In Jahren mit starken Überschwemmungen oder ausnehmend kaltem Frühling können die Vögel meist gar nicht zur Brut schreiten, andererseits beteiligen sich in günstigen Jahren alle Erwachsenen am Brutgeschäft. 1972 wirkte sich zeitiger Frühling mit sich im Juni anschließender Kälteperiode regelrecht zerstörend auf das Fortpflanzungsgeschehen aus; ein Teil der Vögel schritt nicht zur Brut (TOMKOWITSCH, FLINT 1974). 1979 wurden am Kolyma-Unterlauf Exemplare registriert, die zu den üblichen Terminen mit dem Brüten begonnen, dann jedoch wegen im Juni einfallender Fröste, die die umliegenden Seen erstarren ließen und damit die für die Nachkommenschaft unabdingbare Nahrungsquelle versiegen machten, die Gelege verloren hatten. Nur wenige Paare, die nach jener Kälte brüteten, hatten Junge (ANDREJEW brfl. 1979). Zum Unterschied von vielen anderen Vogelarten ziehen gescheiterte Bruten bei *Rh. rosea* keine wiederholte Eiablage nach sich. Paare, die ihr Erstgelege einbüßen, verlassen binnen kurzem das Brutgebiet Richtung Norden und schließen sich den stets vorhandenen Nichtbrütern an, die in eisfreien Bereichen des nördlichen Polarmeeres nomadisieren (siehe „Wanderungen“).

Im Arealkern (zwischen Jana u. Kolyma) werden die Eier gewöhnlich in der ersten Juni-Hälfte gezeitigt. Ende Juni/Anfang Juli erscheinen die Jungen und beginnen Ende Juli/Anfang August zu fliegen. Entsprechend wurden im Kolyma-Delta 1905 am 13. Juni einige schwach bebrütete Vollgelege gefunden, am 17., 18., 25. und 26. Juni stark bebrütete, am 2. Juli letzte mit 2 Eiern; am 30. Juni war das Gros der Jungen geschlüpft. Zwischen 1. und 7. Juli sind ganz kleine Dunenjunge gefangen worden (BUTURLIN 1906, 1934). Etwas weiter westlich (Fluß Konkowaja) setzte 1957 die Eiablage zwischen dem 3. und 4. Juni ein (WOROBJEW 1963). Im Alazeja-Becken (Andrjuschkino) war am 1. Juli 1963 in 3 Nestern je 1 Ei, gleichzeitig wurden Bruten mit 4- bis 5tägigen Jungen angetroffen (WOROBJEW 1967). Bei etwas späteren von 1960 im Zwischenstromland von Chroma und Indigirka enthielten 4 Nester am 13. Juni noch unbebrütete Eier (WOROBJEW 1963). MICHEL (1935) erlegte an der unteren Indigirka am 14. Juni 1 ♀ mit vollentwickeltem Ei im Ovidukt. Alle 5 im Tschondon-Bassin 1970 entdeckten Nester bargen am 26. Juni komplette Gelege (ROSCHTSCHEWSKIJ 1976).

Die isolierte E-Taimyr-Population verhält sich diesbezüglich wahrscheinlich anders. Die Brutplätze werden später besetzt, zur Fortpflanzung wird entsprechend geschritten. Bisher verfügen wir nur über Angaben von 1973, als am 6. Juli alle 5 aufgefundenen Nester Eier enthielten und erst am 21. dieses Monats der erste Jungvogel schlüpfte (PAWLOW, DOROGOW 1976).

Vollgelege umfassen gewöhnlich 3 Eier; in witterungsseitig günstigen Jahren herrschen solche vor (BUTURLIN 1934, WOROBJEW 1963, ROSCHTSCHEWSKIJ 1976). Anderenfalls werden öfter 2, sogar lediglich 1 gezeitigt (WOROBJEW 1963; PAWLOW, DOROGOW 1976), wobei der Anteil unbefruchteter verhältnismäßig hoch ist. BUTURLIN (1934) hatte Vierer-Gelege mit 1 unbefruchtetem Ei kennengelernt.

Im Farbmuster kommen *Rh. rosea*-Eier denen von *Larus sabini* nahe. Grundfarbe olivgrün oder bräunlich oliv. Grünliche oder dunkelbraune Flecke verschiedener Größe sind über die Oberfläche verstreut und am stumpfen Pol verdichtet.

Als Nahrung werden im Fortpflanzungsraum überwiegend Insekten und Wirbellose des Süßwassers aufgenommen, auch kleine Süßwasserfische. In der Spanne der Erstbeobachtung (Ende Mai—Anfang Juni) sind an den Seen der mittleren Kolyma als Basisnahrung zahlreiche Schnecken protokolliert worden, daneben Insekten und deren Larven, Würmer und Flohkrebse (BUJAKOWITSCH 1952).

In den sommerlichen Tundren an der unteren Indigirka und am Tschondon werden vorzugsweise Insekten gefressen und an die Juv. verfüttert: *Lepidurus arcticus*, Musciden, Staphyliniden, *Ranthus* spec., Carabiden, Dytisciden, *Halobates*, Larven von Chironomiden und Trichopteren, Tipulidenpuppen. Ende Juni beobachtete WOROBJEW Rosenmöwen, die für ihre Brut Insekten in der nahen trockenen Tundra fingen. Wenn in den Seen in Massen die Stichlinge *(Pungitius pungitius)* laichen, bedienen sich die Vögel aus dieser Quelle, nehmen Stinte *(Osmerus)* auf, wie bisher auch kleine Gastropoden *(Aplexa hypnorum)*, zuweilen Egel *(Haemopis sanguisuga)* — WOROBJEW 1963, USPENSKIJ 1969, ROSCHTSCHEWSKIJ 1976.

Hauptnahrung während des „marinen“ Nomadisierens sind offensichtlich kleine oberflächennahe Organismen (Crustaceen u. Fische), darunter *Apherusa glacialis*, *Atylus bruggeni*, *Gammarus locusta* und *Boreogadus saida*; ferner wurden Mollusken *(Hydrobia ulvae)*, auch Grünalgen (Enteromorpha) registriert (COLLETT u. NANSEN 1900, SPAANS 1959, USPENSKIJ 1969, WATSON u. DIVOKY 1972). DENSLEY (1979) skizzierte 4 wesentliche Strategien, Nahrung auf der Oberfläche und knapp darunter oder unter Eis zu erwerben. Kurzzeitiges Assoziiertsein mit *Larus sabini* bei der Futtersuche wurde beobachtet. DENSLEY (1979) macht Angaben zum Mauserablauf; das Naval Arctic Research Laboratory in Barrow (Alaska) hat die größte Kollektion von *Rh. rosea*-Bälgen.

Wanderungen

Seriös determinierbare Winterquartiere — falls überhaupt vorhanden — sind nicht bekannt. Die Auffassung ist verbreitet, daß die Vögel winters an ständig offenes Wasser im kompakten Meereis (Waken usw.) gebunden sind — was allerdings in faktischem Material noch keine Stütze findet. Die Vorstellung bereitet auch einige Schwierigkeiten, daß ein Vogel ohne spezielle Anpassungen an die Dunkelheit des hochnordischen Winters sich dort überhaupt Nahrung verschaffen kann und das im Meer.

Begegnungen mit Rosenmöwen im Winter, auch im zeitigen Frühjahr, sind bisher nur wenig dokumentiert. Beobachtungen noch vor der Zugzeit lassen vermuten, daß die meisten die kalte Jahreszeit in diesen 2 Räumen verbringen:

1. Inmitten des treibenden, stark scholligen Eises im Nordpazifik (vor allem in der Bering-See und den kurilischen Gewässern). Hier streifen das Gros der Brutvögel samt Nachkommenschaft und junge Vorjährige umher, daneben wahrscheinlich auch ein Teil Nichtbrüter (Brutunreife und Junggesellen), der während der Brutperiode nördlich des Areals nomadisiert

nach Norden, wo sie sich in der marinen Arktis vermutlich dem Gros der Brutfreien anschließen.

Verbreitung und Wanderungen der Nichtbrüter, postnuptiale Streifereien: Die am Brutgeschäft unbeteiligten streifen sommers jenseits des Areals ziemlich weit umher, vorzugsweise nördlich und nordwestlich davon, inmitten des treibenden Eises, das vom Packeisrand wegdriftet. Jährliche Gesamtzahl und Bestandsentwicklung der Vögel, ebenso Verbreitung, Fülle und Erreichbarsein ihrer Hauptnahrung regeln in erster Linie Kopfzahl und Verteilung solcher nomadisierenden Stücke.

1. Der „Grundstock" nichtbrütender Rosenmöwen aus dem winterlichen Pazifik (ein-, teils zweijährige, auch erwachsene) bricht vom Winterquartier direkt in die Welt des schwimmenden Eises im Polarmeer auf und lebt dort längs seiner flottierenden Säume. Beispiele: Alaska-Küste: Am 10. Juni 1883 viele Rosenmöwen NW Point Hope (MURDOCH 1885); am 9. Juni 1898 Stücke bei Point Barrow (STONE 1900); 16. Juni 1935 2 Paare leg. nahe Wainwright (BAILEY 1948). Gestade der Tschuktschen-Halbinsel: 1 Exemplar in der Koljutschinsk-Bucht an aufgetauten Küstenabschnitten am 11. Juni 1974. Am 13. Juni waren 4, am 14. Juni dort nicht weniger als 200 *Rh. rosea* in Gruppen von 30—50, am 22. Juni wenigstens 350 subad. und ad., die bis Anfang Juli blieben (KRETSCHMAR et al. 1978). Beim Kap Schmidt 1 ad. leg. am 2. Juni 1970, beim Flecken Pitlekaj zweijährige Vögel am 1. Juli 1879 gesammelt (PALMÉN 1887).

Die meisten jener Nichtbrüter verlassen von Ende Juni bis Anfang Juli die kontinentalen Strände und wandern nach N und NW (von der Tschuktschen-See ins Ostsibirische Meer), wo man ihnen im offenen Meer und nahe den Inseln begegnen kann. Viele, besonders zweijährige und adulte, verbringen vermutlich dann den ganzen Sommer dort. Zum Beispiel: Umgebung Wrangel: Zwischen 22. Juni und Juli 1880 sind Exemplare gesammelt worden (DE LONG 1883, NEWCOMB 1888); PORTENKO (1973) sah auf Wrangel am 26. August 1938 ein zweijähriges. Neusibirische Inseln und angrenzendes Meer: Sichtnachweise NE Bennet vom 22., 23., 25. Juni 1880, 30. Juni 1881 (DE LONG 1883), zweijähriges Exemplar am 27. Juni (PORTENKO 1973), adultes Stück am 22. Juni auf Kotelnyj erlegt (Coll. Zool. Inst. Leningrad).

Neben den erwähnten Nichtbrütern, die im Juli von den Brutplätzen kommen, stoßen zu jenen nomadisierenden Rosenmöwen Ende Juli und im August die, die dem Brutgeschäft erfolgreich oblagen und die Niststätten verlassen, sobald die Jungen fliegen können — diese werden „mitgebracht". Bis zum Spätherbst wird in für den Nahrungserwerb offensichtlich günstigen Meerespartien (stets klar nördlich des Brutgebiets) umhergestrichen, sich dabei kaum weit nach W bewegend. Gelegentlich geschieht in dieser Zeit ebenso Rückkehr in die Brutheimat.

Beispiele: NW Herald und NE Wrangel 2 juv. am 16. und 19. Juli 1928, 6 juv. am 18. und 21. August (JAQUES 1930), auf Wrangel, Rodgers-Bucht, 4 juv. am 20. und 30. Oktober 1934 (Coll. Zool. Inst. Leningrad). Auf Medweshi und Wilkickogo wurden welche am 25. August 1914 beobachtet (PORTENKO 1973), am ersten Ort des weiteren am 30. und 31. Juli (PLESKE 1928). N Ajon(= Ajok) 4 juv. leg. am 20. August 1914 (RILEY 1918). Neusibirische Inseln — Kotelnyj ad. und juv. Exemplare am 6., 8., 14. August 1901 (BIRULA 1907), 4 juv. am 30., 31. Juli, 10., 30. August 1903 (Coll. Zool. Inst. Leningrad); Neusibirien-Insel juv. am 16. und 18. August 1902 (BIRULA 1907). Die Mehrzahl der während der Maud-Expedition auf den Neusibirischen Inseln zwischen dem 10. August und 4. Oktober 1923 und vom 1.—13. August 1924 angetroffenen Rosenmöwen waren Junge (PORTENKO 1973). Ein in der Maud-Bucht (E Kap Tscheljuskin) am 8. August 1934 erlegtes junges Stück stammte wahrscheinlich aus der Taimyr-Population (Coll. Zool. Inst. Leningrad). Hin und wieder streichen Jungvögel im Herbst zum Festland: Am 18. September ist ein „Paar" am Anadyr im Raum Tschikajewo-Utjosiki beobachtet worden (PORTENKO 1939).

2. Eventuell erscheint auch ein geringes Quantum Nichtbrüter von den im pazifischen Bereich überwinternden Vögeln (mutmaßlich überwiegend einjährige) Ende Juni/Anfang Juli im Ostsibirischen Meer, folgt dem Rand des Packeises durch die Karasee nach Westen und gewinnt derart Bezirke treibenden Eises um Franz-Joseph-Land und Spitzbergen. Durch diese Räume der Norwegischen und Barentssee geht im Sommer wahrscheinlich die nach Osten gerichtete Wanderbewegung der fortpflanzungsreif gewordenen Vögel, die der Brutheimat zustreben. Die Zuordnung der folgenden Angaben zu dieser Gruppe bleibt solange vage, wie die Tiere nicht markiert werden. Exemplare: Franz-Joseph-Land — 1 bei Kap Flora am 5. Juli 1897 (JACKSON 1899), mehr als 20 NE des Archipels am 11. Juli und 11. August 1895; ziemlich weit nördlich für die Art (84° 27'—84° 41' N) viele am 18. und 19. Juli und am 11. August 1895 (COLLETT, NANSEN 1900). Interessant, daß am 9. September 1955 in der Nähe eben dieser Koordinaten (N Rudolf-Insel) eine Ansammlung von Rosenmöwen entdeckt worden ist (JUDIN 1964). Dazu gehörten, den Kleidern nach, adulte und einjährige, auch ein junges Stück, das gerade die Mauser ins erste Schlichtkleid beendete. Im Adventfjord (Spitzbergen) wurde am 1. Juli 1950 ein Vogel bemerkt, der durch eine *Sterna paradisaea*-Kolonie flog (LØVENSKIOLD 1954). Im Meer NE Spitzbergen (82° 63' N) zwischen 16. Juli und 20. August 1827 6 Exemplare gezählt (PARRY 1828), 25. Juli—30. August 1897 19 (ANDRÉE et al. 1903, LÖNNBERG 1931).

Es könnte sein, daß im August und September, wenn die Treibeisgrenze hoch im Norden verläuft, ein Teil der sommers in grönländischen Gewässern nomadisierenden Rosenmöwen in die westliche Hemisphäre — Baffin-Bay und kanadische Inselwelt — „sickert", wo er auch im Folgejahr umherstreift. Beispiele: Grönland (W-Rand) 18 Nachweise, davon 10 in Disko-Bucht, adulte Stücke Mitte Mai bis Mitte Juni. Vom E-Rand nur ein Nachweis geführt — Altvogel bei Sand Island im Frühling 1947 (SALOMONSEN 1950). Aus der kanadischen Arktis wurden (neben der schon erwähnten auf Meighen) Begegnungen mit einzelnen Exemplaren von Melville, Boothia, Cornwallis und Keewatin gemeldet, 4 Vögel von Broughton, E-Baffin-Land (GODFREY 1966).

Die Mehrzahl der nichtbrütenden, die in arktischen Gewässern, Barentssee und Grönland-Meer nomadisiert und in Spätherbst und Frühwinter mit der S-Peripherie der Eisfelder nach Süden kommt, gerät ins Norwegische und Nordmeer, in den Atlantik und bringt den Winter dort zu. Beobachtungen auf den Shetlands (Whalsday, Oktober 1969 — DENSLEY 1977b), Helgoland (25. Oktober—10. November, BENT 1921), Irland (Cape Clear Island, September 1967 — DENSLEY 1977b), Großbritannien (Weymouth, August 1967; Islay, August 1976; Seaton Carew, 8. August 1975 [2 einjährige] — DENSLEY 1977b).

Der frühjährliche Rückzug — der Nichtbrüter in Räume sommerlichen Nomadisierens und der fortpflanzungsreif gewordenen Richtung Brutheimat — geschieht im April den E-Rand Englands entlang, über N-Schottland und die Shetlands (VANABLES u. VANABLES 1955, JOBLING 1960, DENSLEY 1977b). Stücke, die im Mai an britischer Küste gesichtet worden sind (DENSLEY 1977b), in Juni und Juli ebendort (KING 1974, DENSLEY 1977b), in den Niederlanden (SPAANS 1959), im Sommer bei den Färöern (SPAANS 1959, DENSLEY 1977b) und in Island (DENSLEY 1977b), konnten ebensowohl „Reste" von Wintervögeln aus der Nähe als auch späte Rückzügler ins Areal sein. Zu diesen zählt vermutlich ein Vogel aus Finnmarken (70° 5′ N) vom 6. Mai 1900 (LØVENSKIOLD 1947—1949).

Der herbstliche Wegzug ins pazifische Winterquartier vereint Nichtbrüter, Brutvögel samt Nachkommenschaft, Heimkehrer aus Europa und dem atlantischen Raum. Die nachbrutzeitlichen Streifereien all dieser Vögel gewinnen allmählich N-, NE- und schließlich E-Richtung.

Der Abzug nordwärts läßt sich bei den Neusibirischen Inseln gut verfolgen: An der Bennet-Insel am 12. September 1901 zahlreich bei Nahrungssuche betroffen, bei Kotelnyj Trupps und einzelne Vögel zwischen 14. und 18. September 1901. An der Neusibirien-Insel Flüge am 5. September, viele fliegend am 11. September, bis zum 20. Oktober. BIRULA (1907) zählte täglich etliche auf treibenden Schollen. NE Wrangel und NW Herald-Insel beobachteten und erlegten diverse Biologen im Oktober Rosenmöwen; in der Rodgers-Bucht (Wrangel) 1 ad. leg. am 27. Oktober und 1 juv. am 30. Oktober 1934 (PORTENKO 1973). In der Tschuktschen-See NW Point Hope (Alaska) hielten sich von September bis Oktober viele auf, fast 50% immat. (WATSON u. DIVOKY 1972). Weitaus die meisten schlagen Ostkurs über das Meer ein und erscheinen im Herbst ziemlich regulär und in großer Zahl am Nordrand Alaskas (z.B. Raum Point Barrow). Wenige fliegen ostwärts zur Alaska-Seite und folgen dabei der Küste. An der Niederlassung Nuterpelmen in der Koljutschinsk-Bucht ziehen herbstliche Trupps nach Osten (KRETSCHMAR et al. 1978); niedrige Zahlen im Herbst bei Uelen notiert — 12 Ex. am 1. Oktober 1934, 15 am 3. Oktober (PORTENKO 1973), im Oktober 1934 tauchten Rosenmöwen bei der Ansiedlung Deshnew an der Bering-Straße auf (PORTENKO 1973).

Über Wainwright und Point Barrow fliegen sie je nach Windlage zwischen September und Oktober bald nach NE, bald in entgegengesetzte Richtung (BAILEY 1948). Nachweise noch weiter östlich fehlen. Nahe Wainwright sind 2 Vögel aus einem Flug von etwa 30 heraus am 12. Oktober 1921 erlegt worden und 3 aus einem anderen zwölfköpfigen. Die Art konnte bis 27. Oktober beobachtet werden (BAILEY 1925, 1948). Zwischen 28. September und 22. Oktober 1881 und im September 1882 waren Rosenmöwen gewöhnliche Erscheinungen, am Point Barrow hielten sich tausende auf, fast ausschließlich immature (MURDOCH 1885). Ebenda 2 Ex. am 9. und 23. September 1897 gesammelt (STONE 1900). DENSLEY (1977a) sah die ersten dort am 6. August, die letzten am 7. Oktober 1975 — insgesamt rund 700, davon 80% adulte.

Da im Frühling umgekehrte Bewegung an der Nordküste Alaskas nicht aufgefallen ist, kann gemutmaßt werden, daß die Vögel Ende September und im Oktober, wenn sich dort die marinen Eisverhältnisse wandeln, nach SW aufbrechen und beispielsweise an der Yukon-Mündung auftauchen (im Oktober immature beim Fort St. Michael registriert — NELSON 1887 fide PORTENKO 1973), danach auch in Gebieten winterlicher Streifereien.

Bei Fragen zur Produktsicherheit wenden Sie sich bitte an:
If you have any questions regarding product safety,
please contact:

Walter de Gruyter GmbH
Genthiner Straße 13
10785 Berlin
productsafety@degruyterbrill.com